鄭苑鳳 著 ZCT 策劃

超實用

業務・研發・企宣的

辦公室 PowerPoint

省時高手必備 30 招 Office 365

U0086624

博碩文化

作　者：鄭苑鳳 著 ZCT 策劃
責任編輯：Cathy

董 事 長：陳來勝
總 編 輯：陳錦輝

出　　版：博碩文化股份有限公司
地　　址：221 新北市汐止區新台五路一段 112 號 10 樓 A 棟
　　　　　電話 (02) 2696-2869　傳真 (02) 2696-2867

發　　行：博碩文化股份有限公司
郵撥帳號：17484299　戶名：博碩文化股份有限公司
博碩網站：http://www.drmaster.com.tw
讀者服務信箱：dr26962869@gmail.com
訂購服務專線：(02) 2696-2869 分機 238、519
（週一至週五 09:30 ～ 12:00；13:30 ～ 17:00）

版　　次：2021 年 10 月初版

建議零售價：新台幣 450 元
I S B N：978-986-434-912-8
律師顧問：鳴權法律事務所 陳曉鳴律師

本書如有破損或裝訂錯誤，請寄回本公司更換

國家圖書館出版品預行編目資料

超實用！業務.研發.企宣的辦公室 PowerPoint
省時高手必備 30 招 / 鄭苑鳳著 .-- 初版 .--
新北市：博碩文化股份有限公司，2021.10

　面；　公分

Office 365 版本
ISBN 978-986-434-912-8(平裝附光碟片)

1.PowerPoint(電腦程式)

312.49P65　　　　　　　　　　110016305

Printed in Taiwan

博 碩 粉 絲 團　歡迎團體訂購，另有優惠，請洽服務專線
　　　　　　　　(02) 2696-2869 分機 238、519

序

本書主要依功能導向，結合範例實作的方式，將常用的商業簡報分成人事行政、研發生產、財務管理及業務行銷等四大篇，從使用者的角度出發，以企業日常運作中實際遭遇的課題切入，透過範例學習過程，帶領讀者進入簡報的世界，並學會應用 PowerPoint 的各項功能技巧。

為了讓簡報設計新手能對簡報製作有所了解，在範例實作之前特別規劃了「準備」的單元，讓新手可以正確的步驟來規劃簡報。

本書目的在幫助各位快速變身為 PowerPoint 的簡報高手，由範例中累積實作經驗，詳盡的步驟圖文解說，內容由淺入深、循序漸進，兼顧學習與實用成效。

這是一本專為 PowerPoint 簡報軟體教學及範例實作課程所編著的教材，相信各項精心的安排，定能讓各位的簡報學習之旅輕鬆愉快。

目錄

0 準備簡報設計開始之前

1 人事行政篇

2 研發生產篇

變更投影片母片、插入基本圖案、插入圖說文字、插入星星及彩帶、自訂
投影片放映順序

簡報內插入視訊影片、設定視訊選項、全螢幕播放視訊影片、剪輯影片、
設定頁首頁尾格式、插入頁首頁尾資訊、列印講義

  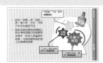 

圖片對齊與均分、設定為預設文字方塊、尺規／輔助線、圖片超連結設定、
連結電子郵件

連結外部網頁視訊、插入線上視訊 -YouTube 視訊、插入美工圖案、美工圖
案的重新著色與組合、使用 Microsoft Word 建立講義

插入流程圖、圖案中插入文字、設定圖形格式 (圖案選項 / 文字選項)、將
圖案樣式設為預設值、連接線設定

螢幕錄製、視訊格式與播放設定、使用筆跡編輯投影片、隱藏筆跡標註、
放映中放大投影片、顯示簡報者檢視畫面

3 財務管理篇

複製／貼上 Excel 物件、插入圓形圖表、設定圖表顯示項目、編輯圖表文字、
插入橫條圖表、圖表設計

由 SmartArt 圖形插入階層圖、刪除／新增圖案、變更版面配置、設定摘要
資訊、將投影片儲存成圖片

由檔案建立 Excel 物件、編輯內嵌物件、隱藏投影片、放映中查看所有投
影片、以密碼加密簡報

4　業務行銷篇

繪製導覽按鈕、變更圖案造型、複製選取的投影片、插入透明的動作按鈕

SmartArt 圖形轉換成圖形、SmartArt 圖形填滿指定插圖、壓縮圖片、將檔案標示為完稿、將簡報封裝成光碟

0

準備簡報設計
開始之前

PowerPoint

現代人運用簡報的機會越來越多，從學生時期申請入學的學習成果簡報、讀書心得報告及論文發表、求職時的個人履歷簡報及作品集、職場上的行銷企劃提案、業務報告、產品說明會…等，舉凡在商場上、職場上、學術上、生活上，都可以看到簡報的使用。

周遭充斥著各式各樣的簡報，如何設計一份好的簡報，是表達理念的成功關鍵。演講者若還要面對聽眾，那麼還必須掌握聽眾的反應，設身處地以聽眾的立場做考量，使他們能產生興趣，進而獲得利益。想要在有限時間內，清楚傳遞想要表達的訊息，以下有幾個重要的步驟可以依循：

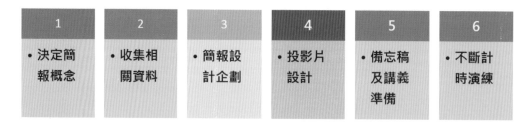

01 決定簡報概念

簡報的目的不外乎使聽取簡報的人，能夠了解某些真相、認同某些論點、或是採取某些行動，因此主題必須要明確才行。像是投資說明會的重點在於強調投資的利基，吸引投資者注入資金；而營運計畫書要合理的顯示營收目標和成本控管的執行能力，因

此投資說明會與營運計畫書雖然都會涉及到財務報表，但要點卻不同。除此之外，最好能事先確定聽取簡報者的身分、背景、以及他們的需求，這樣決定出來的簡報概念才能吸引他們的注意。

確定主題目標

02 相關資料收集

決定簡報概念後，接下來就是收集必要的相關資料，如：環境分析、競爭情況、市場反應、支持的論點、問題的分析歸納、解決的方針…等，透過相關資料的蒐集、分析、研究及歸納，才能提供簡報內容強而有力的論點去說服聽眾。

除了簡報文字內容的收集外,還要收集相關的圖片、音效或多媒體資料,才可以在設計投影片時適時的添加,以增加投影片的視覺和聽覺效果。

也可以收集與簡報內容有關的實際案例、歷史典故或笑話集放在備忘稿中,在進行簡報時利用「顯示簡報者檢視畫面」的功能,就可以輕鬆讀取備忘摘記,讓你適時地將有趣典故穿插在簡報中,幫助你營造整場的氣氛,不至於讓觀眾覺得枯燥乏味。

備忘稿中可摘記實際案例、歷史典故或笑話集

03 設計企劃

確定了簡報的主題、對象及年齡層,也對相關資料進行收集與分析後,接著就要設計企劃,藉由規劃整體色彩、投影片版面以及使用文字這三方面,來為投影片設計雛型。

規劃整體色彩

色彩往往給人某些程度的既定印象,像紅色調熱情如火,又帶點危險警告意味,若用來作為投資說明會,投資者的緊張感增加,將引發潛在的危機意識,引進資金的希望恐怕大幅降低。若是換成較沉穩權威的藍色,海闊天空的舒暢感,讓投資者增加信賴感,用更寬廣的心境思考投資方案,資金有機會像湧泉般的挹注。

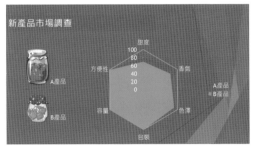 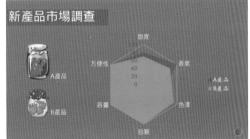

在色彩的使用上,PowerPoint 是採用 RGB 的色彩模式,也就是透過紅色 (R)、綠色 (G) 和藍色 (B) 三原色來設定顏色。在預設狀態下,不管是文字顏色,或是圖案的填滿與外框,都有提供「佈景主題色彩」與「標準色彩」可以選用。如圖示:

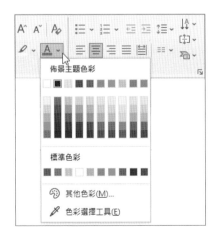

如果佈景主題色彩與標準色彩的顏色無法滿足您的需要,可下拉選擇「其他色彩」,則可進入「色彩」視窗做更多色彩的選擇。

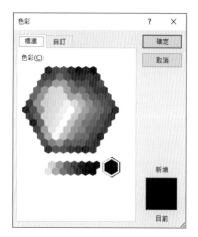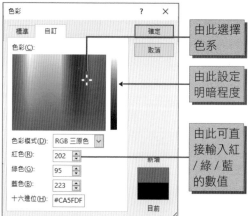

投影片版面規劃

當過簡報聽眾的你一定碰過這樣的情形,有些投影片資訊塞滿整個版面,空間利用幾乎到了滿版的境界,深怕聽眾不知道設計者是多麼有內涵。這樣擁擠的結果,可能造成主標題高高低低,內文字或圖片小到看不清,甚至每張投影片的公司 Logo 都在不同的位置。

為了避免這樣不夠專業的情形發生,在設計簡報之前,最好規劃好公司名稱、Logo 圖案、簡報主題及各項標題的位置,使得每張投影片有一致的版面規則可遵循,而簡報內容也盡量將文字內容簡化成為圖表,這樣可以讓聽眾的視覺更集中,必要的留白也可讓聽眾減少壓迫感。

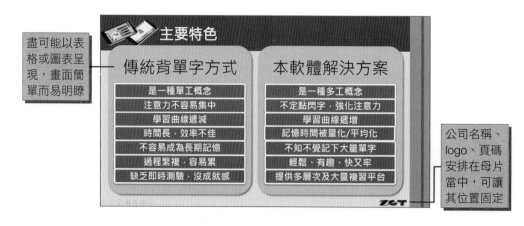

PowerPoint 預設的基本版面配置有 11 種，使用者可以根據主題及內容編排，決定要套用哪一種版面配置。

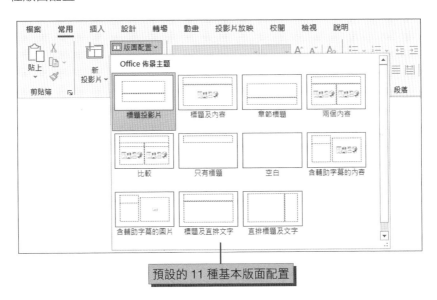

預設的 11 種基本版面配置

選用不同的佈景主題，可能有更多或不同的版面配置可以選用，若各位有特殊的版面需求，也可以透過母片的功能來自行增減圖片或文字方塊。

選用不同的佈景主題，所提供的版面配置也不盡相同

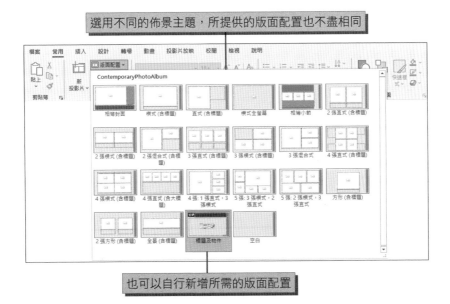

也可以自行新增所需的版面配置

文字字型規劃

電腦裡有各種各樣不同的字型，有可愛的、POP 字體、毛筆風格…等，但是並不是每台電腦都有相同的字型，若客戶電腦中沒有規劃好的字型，就會以其他字型替代，結果投影片放映起來風格整個「走鐘」，那可就得不償失。而使用太多種字型，整個內容會看起來較雜亂，因此選用幾個常用的字型是比較安全的做法。由於簡報中有標題、副標題、內文等，甚至還有圖說或圖表文字，到底要怎樣選擇比較恰當？

一般來說，黑體字會比細明體字較適合用在簡報的標題上，所謂黑體字就是指沒有修飾過筆畫的字體，像微軟正黑體、Arial…等，其字體較粗大，觀眾在較遠距離觀看投影片也可以看得較清楚。

細明體字若字太小會看不清楚

粗體字在較遠距離可以看得較清楚

如果系統預設的字型無法滿足你要的風格，而要選用較特殊的字體，這裡提供兩種解決的方式供參考。

將文字儲存成圖檔，再貼在投影片中

這個方法可以解決其他電腦不支援字體的問題，但是缺點是無法修改文字內容。設定時只要選擇文字方塊，按下滑鼠右鍵執行「另存成圖片」指令即可。

儲存成 PNG 圖檔後，再透過「插入」標籤的「圖片」功能即可插入。

內嵌字型

由「檔案」標籤選擇「選項」功能，於開啟的視窗中切換到「儲存」類別，可設定將
字型附加在檔案中。

❶ 切換至「儲存」類別

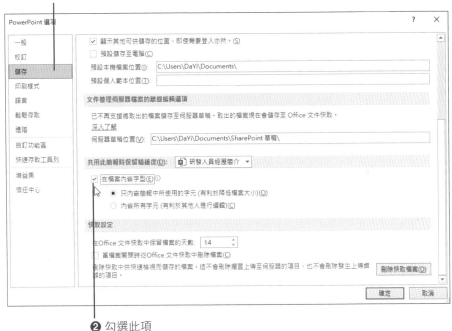

❷ 勾選此項

選用「內嵌所有字元」的好處是可以進行字型的更換，而「只內嵌簡報中所使用的字
元」則有利降低檔案的容量，但不管選用哪種方法都會增加檔案大小。

04 投影片檢視模式

PowerPoint 視窗中提供 5 種投影片檢視模式，預設值是所謂的「標準」模式，一般設
計投影片都是在此模式下進行。另外還有「大綱模式」、「投影片瀏覽」、「備忘稿」及
「閱讀檢視」等 4 種模式。各位只要切換到「檢視」標籤，在「簡報檢視」群組中點
選圖示鈕即可；或者在視窗最底下的狀態列，也可以找到對應的功能鈕。

這裡簡要說明這五種模式的畫面與特點:

標準模式

整合投影片編輯、縮圖、備忘稿等工作窗格。

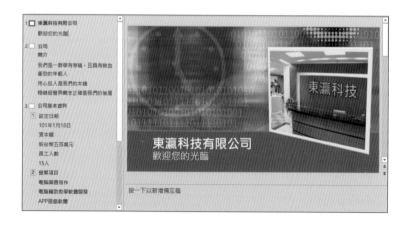

大綱模式

整合投影片編輯、大綱、備忘稿等工作窗格,也可以將文字檔插入大綱,快速整理成簡報。

投影片瀏覽

一次秀出多張投影片的縮圖，可以快速編輯多張投影片的特效。

備忘稿

用來編輯單張投影片的備忘稿，並查看備忘稿與簡報版面一併列印時的外觀。

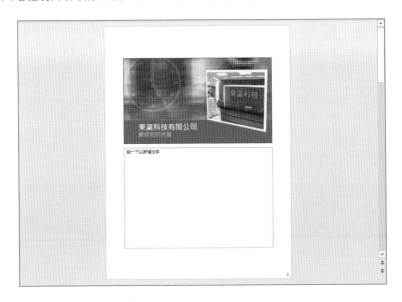

閱讀檢視

PowerPoint 視窗中，在不切換到全螢幕之下，檢視投影片的動畫及轉場效果。

05 投影片母片

所謂的「母片」就是簡報的主體結構，它包含了版面配置、主題背景、字型樣式、色彩配置等內容的設定。當各位決定母片的編排與設計，之後所新增的投影片，就會套用母片的樣式。

在 PowerPoint 中，母片類型包含「投影片母片」、「講義母片」、「備忘稿母片」三種，主要透過「檢視」標籤做切換。

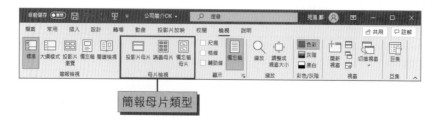

投影片母片

母片投影片可控制整個簡報的外觀，包括字型、顏色、背景以及動畫效果等。

講義母片

自訂簡報被列印成講義時的外觀，如頁首頁尾、佈景主題及投影片縮圖的張數。

備忘稿母片

自訂備忘稿與簡報一起被列印成講義時的外觀，如頁首頁尾及佈景主題等。

一般設計母片時只針對「投影片母片」做設計，請由「檢視」標籤按下「投影片母片」鈕，使進入如下的編輯狀態。

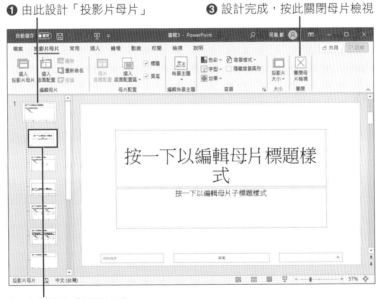

❶ 由此設計「投影片母片」　　❸ 設計完成，按此關閉母片檢視

❷ 由此設計「標題母片」

左側的第一個縮圖是切換到投影片母片的設計，由此版面所加入的背景樣式也會套用到其他的版面當中。如果要設計簡報的第一張版面效果，則請切換到「標題母片」的位置，如上圖所示。

一般來說，除了套用「標題投影片」的版面配置外，其餘新增的投影片大都由投影片母片來產生。如果簡報檔裡未先設計「標題母片」，則「投影片母片」的版面設計就會沿用到標題投影片上。至於所設計的「標題母片」只有套用在版面配置為「標題投影片」的情況下，通常只會用於簡報的第一張投影片上。

由於現在電腦螢幕有傳統和寬螢幕的分別，所以投影片大小也分成標準 (4:3) 及寬螢幕 (16:9) 兩種規格，設計投影片時也需要考慮簡報場地的設備，選擇適合的投影片大小，這些都可以一併在編輯母片時設定。

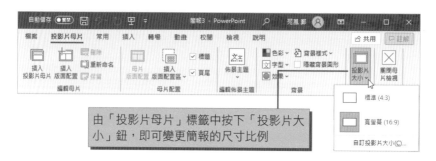

由「投影片母片」標籤中按下「投影片大小」鈕，即可變更簡報的尺寸比例

06 投影片設計技巧

投影片組成的主要元素不外乎就是文字與圖形，所以分別就文字與圖形的使用技巧先做說明。

文字格式編輯

PowerPoint 在編輯文字時，不論是標題文字或是內文字，都是利用文字方塊來處理，因此不管在投影片母片設定字型，或是編輯時需要修改字型，都是透過「常用」標籤下的「字型」及「段落」群組，來進行字型、大小、樣式、對齊方式、色彩…等設定。

插入文字方塊

簡報裡預設的文字方塊，通常只有標題和內文，如果需要加入其他文字，如圖表文字、版權宣告、圖說文字…等，就要另外插入文字方塊。請切換到「插入」標籤，由「文字方塊」按鈕下拉，即可選擇垂直或水平的文字方塊。

文字方塊可分成「水平文字方塊」和「垂直文字方塊」兩種，差異在字的方向不同，使用方式和格式設定都相同。使用時先以滑鼠拖曳出文字方塊的大小，即可輸入文字，此時利用「常用」標籤可設定字型大小或字體，若切換到「圖形格式」標籤，則可變更文字方塊的背景顏色、框線及陰影效果…等設定，還可將文字套用文字藝術師樣式。

「常用」標籤設定字型大小或字體

「圖形格式」標籤編更圖案或文字藝術師樣式

插入文字藝術師

為了抓住觀眾的注意力，簡報標題可以考慮使用「文字藝術師」來強化視覺效果。因為「文字藝術師」提供了 20 種藝術文字樣式可以選用，每一種樣式都有不同的色彩變化與風貌，將它運用在標題投影片中，就能輕鬆在觀眾心裡烙下深刻的印象。請由「插入」標籤按下「文字藝術師」鈕，就會出現樣式清單供使用者選擇。

❶ 按下「文字藝術師」鈕

❸ 輸入文字後可顯示如圖的文字效果　　　❷ 選此文字樣式

輸入想要顯示的文字內容後，如果對於套用的樣式效果不甚滿意，還可以在「圖形格式」標籤下的「文字藝術師樣式」群組中，進行文字顏色、文字框線色彩及文字效果…等美化工作。

由此下拉可設定各種的文字效果

這是加入「反射」的文字效果

條列文字轉換成 SmartArt 圖形

在構思簡報內容時，各位可能直接在文字方塊內輸入文字，修修改改之後，若整個簡報架構已經確定後，此時可以考慮將條列式的文字清單轉換成 SmartArt 圖形。由「常用」標籤按下「轉換成 SmartArt 圖形」鈕，即可由顯現的清單中選擇圖形樣式。

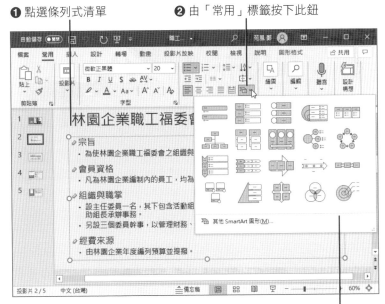

❶ 點選條列式清單　　　　　❷ 由「常用」標籤按下此鈕

❸ 瞧！這裡提供各種的圖表樣式

插入圖片

除了文字方塊外，投影片上另外一個重要元素就是插圖。適當的插圖可以增加投影片的生動性，達到畫龍點睛的效果。「插入圖片」是從「插入」標籤按下「圖片」鈕，或者從版面配置中按下 鈕，主要是插入使用者電腦本身所蒐集的圖片。

當圖片或數位影像被插入簡報後，利用「圖片格式」標籤的「裁剪」鈕，可將圖片多餘或瑕疵的部分範圍修剪掉，讓圖片變成另一種效果。

❶ 點選圖片後，由此下拉點選「剪裁」指令

❷ 拖曳圖片四周的 8 個控制點，可調整圖片顯示的範圍，
　 滑鼠移到圖片外按下滑鼠，則可完成剪裁的工作

插入線上圖片

使用者也可以考慮從網路上找到更多的圖片，由「圖片」鈕下拉選擇「線上圖片」鈕
會開啟 Bing 圖像搜尋引擎，輸入想要找的圖片名稱，按下「Enter」鍵即可。

❶ 先輸入要搜尋的主題

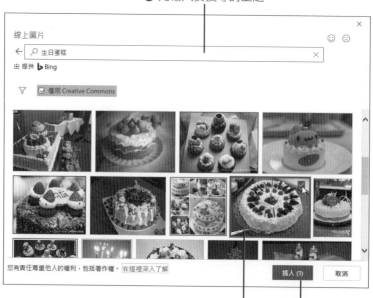

❷ 點選適合的圖片　　❸ 按此鈕插入

在搜尋出來的眾多圖片中挑選符合想法的圖片，按下「插入」鈕，圖片就會下載到投影片中。但是從網路上下載圖片要特別注意著作權的問題，有些雖然為免費的圖片，但不能用在營利方面，使用前一定要詳讀著作權宣告。

其他投影片元素

除了文字方塊和圖片外，投影片中還可以插入表格、圖表、SmartArt 圖形、聲音檔及視訊檔等，這些元素都可以豐富投影片的內容，增加聽眾的注意力。

插入表格

表格可以把複雜的文字敘述，轉換成易讀及易比較的表現方式，在簡報中也是不可或缺的元素。要在投影片中插入表格，只要在「插入」標籤中按下「表格」鈕，使用拖曳方式或選擇要繪製的欄 / 列數，即可繪製基本表格。

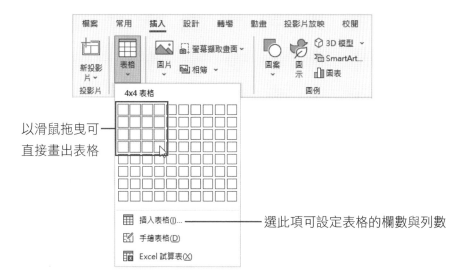

以滑鼠拖曳可直接畫出表格

選此項可設定表格的欄數與列數

插入圖表

圖表是分析數字的利器，在商業簡報中，圖表可用來表現市場調查的結果、業績的比較…等，讓聽眾可以透過圖表快速明瞭數字分析的最後結果。

在「插入」標籤中按下「圖表」鈕，就會開啟如下圖的視窗，以便選擇圖表類型。

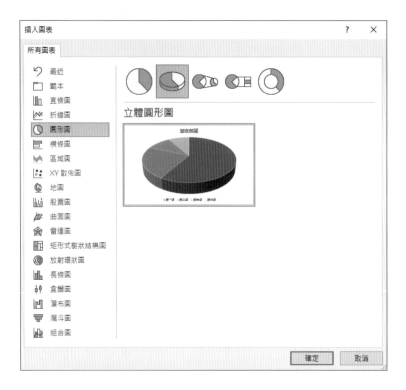

選定圖表類型後，此時會出現預設的圖形，同時開啟 Excel 工作表，以便修改預設圖表的數值、欄列標題，輸入新資料的同時，圖表也會跟著同步更新。如果對預設圖表的顏色或版面配置不甚滿意，還可以在「格式」標籤或「圖表設計」標籤中做修改。

插入 SmartArt 圖形

若不是數值方面的圖表，而是文字要以圖表方式呈現，就是使用 SmartArt 圖形，包括常見的流程圖、組織圖、循環圖及金字塔圖…等。只要按下「插入」標籤中的「SmartArt」鈕，就會跳出「選擇 SmartArt 圖形」的視窗，讓各位選擇圖形類型。

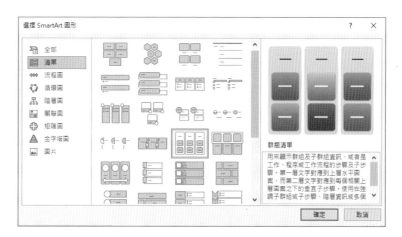

插入 SmartArt 圖形後，利用「SmartArt 設計」及「格式」兩個標籤，即可進行新增圖案、版面配置、變更圖形、變更色彩，或是套用現成的圖形樣式等處理。

以上是簡報設計開始前的準備工作，這裡簡要的說明後，接著請進入各篇的範例，我們將透過範例實作的方式來解說 PowerPoint 的各項功能指令。

NOTES

1

人事行政篇

PowerPoint

單元 >>>>>>

01

💿 範例光碟：01公司簡介\公司簡介OK.pptx

公司簡介

初次和客戶做簡報，為了讓客戶對公司有所了解，通常都是由公司的簡介開始說起。由於是簡單的報告，所以只要針對公司的基本資料、營業項目、企業的理念及未來的展望這幾方面來著墨即可。

對於設計簡報的新手而言，PowerPoint 提供了預設的簡報範本可供使用者選擇，只要準備好簡報的文字與圖片，就可以輕鬆完成。

【範例成果】

【學習重點】新增空白簡報、套用佈景主題、儲存簡報檔、變更投影片版面配置、新增投影片、由圖示鈕新增圖片、插入現有圖片、套用圖片樣式、文字輸入、插入符號、設定文字字型、投影片放映

範例步驟

1 **新增空白簡報：**首先啟動
PowerPoint 程式，先新增空白簡
報。

2 **套用佈景主題：**由於空白簡報很
單調，先由「設計」標籤來套用
漂亮的佈景主題，如此一來馬上
為簡報加分不少。

❶ 切換到「設計」標籤

❷ 由「佈景主題」下拉選此佈景主題

❸ 顯示套用的效果

3 **儲存簡報檔案：**為了檔案的保
存，以便日後的修改與快速儲
存，先來儲存簡報檔案。請由快
速存取工具列上按下「儲存檔案
📁鈕，接著在視窗中輸入簡報檔
的名稱，由「選擇位置」的欄位
下拉選擇存放位置，按下「儲
存」鈕即可儲存簡報。

❶ 輸入簡報名稱

❷ 下拉設定存放位置。（預設值是將簡
報存放在 OneDrive，該處檔案會受
到保護，而且可跨裝置進行存取。）

❸ 按此鈕儲存檔案

4 **變更投影片版面配置**：每個簡報
範本都有提供不同的版面配置，
方便使用者針對不同需要來選擇
標題、物件或文字的版面配置。
如果要變更版面配置，可透過
「常用」標籤的「投影片版面配
置」鈕作變更。

❶ 點選「常用」標籤

❷ 按下「投影片版面配置」鈕

❸ 下拉選擇要套用的版面配置

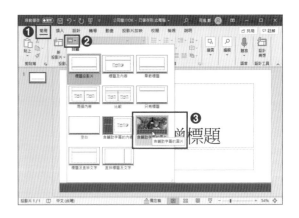

5 **新增投影片**：由於簡報的預設值
只有一張投影片，若不夠使用
可以透過「新投影片」鈕或按
「Ctrl」+「M」鍵來新增。

❶ 點選「常用」標籤

❷ 按下「新投影片」鈕

❸ 第 2 張投影片選此版面配置

❹ 第 3 張投影片選擇「兩個內容」
的版面配置

❺ 第 4 張投影片選擇「標題及內容」
的版面配置

6 **由圖示鈕新增圖片**：在剛剛選用
的版面配置中，事實上已經包含
了各種物件的圖示，只要點選圖
示鈕，即可加入表格、圖表、圖
片、圖形、視訊…等物件。此處
先示範加入圖片的方式。

❶ 點選第 1 張投影片

❷ 按下此圖示

❸ 找到圖檔所在的資料夾

❹ 選取圖檔

❺ 按下「插入」鈕

拖曳控制點可縮放圖片

第 1 張投影片的圖片加入完成後，同樣地在第 2 張投影片中按下「圖片」 鈕即可插入「office.jpg」的圖片，而利用圖片四周的 8 個控制點，即可將圖片做不等比例的放大。

7　**插入現有圖片**：除了利用版面配置上的「圖片」 鈕來插入圖片外，如果還有其他的影像圖片需要插入到投影片中，可以由「插入」標籤按下「圖片」鈕，再下拉選擇「此裝置」指令來插入。

❶ 點選要插入圖片的投影片

❷ 切換到「插入」標籤

❸ 點選此指令，即可顯示「插入圖片」的視窗，使插入「東瀛科技 .jpg」圖檔

8 **套用圖片樣式：**圖片加入到投影片中，透過「圖片格式」標籤可快速套用圖片樣式，這樣即使沒有繪圖軟體，圖片也可以擁有專業的圖片樣式。

❶ 點選加入的圖片，並調整尺寸與大小

❷ 切換到「圖片格式」標籤

❸ 選取要套用的圖片樣式

9 **文字輸入：**新增的每一張投影片，基本上都會包含標題與內文的文字方塊，只要點選文字方塊，即可開始輸入文字內容。

❶ 點選投影片

❷ 點選文字方塊開始輸入文字內容

10 **插入符號：**輸入文字的過程中，如果需要加入標點符號或特殊符號，透過「插入」標籤的「符號」鈕來加入。

❶ 輸入點放在符號要加入的位置

❷ 切換到「插入」標籤

❸ 點選「符號」鈕

❹ 選取要插入的符號

❺ 按下「插入」鈕後，再按「關閉」鈕離開

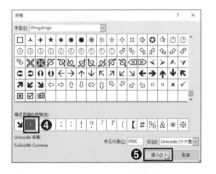

11 **設定文字字型**：預設投影片的文
字字型、大小、色彩、字體樣式
等若不喜歡，可由「常用」標籤
的「字型」群組做調整。

❶ 先選取要設定的文字範圍

❷ 切換到「常用」標籤

❸ 由此設定字體與大小

❹ 可將文字變粗體

❺ 下拉設定文字顏色

12 **投影片放映**：透過以上的編輯技
巧，公司簡介的簡報檔就可大功
告成，要放映簡報內容，可由
「投影片放映」標籤來選擇從首
張投影片放映，或是從目前投影
片開始放映。

❶ 切換到「投影片放映」標籤

❷ 選此項由第一張投影片開始放映

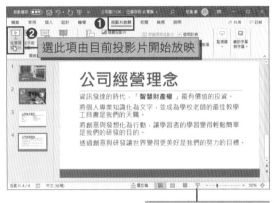

選此項由目前投影片開始放映

也可以按此鈕開始放映

❸ 依序按滑鼠左鍵即可切換到下一
張投影片

單元 >>>>>>>

02

🔘 範例光碟：02公司簡報範本設計\東瀛科技公司簡報.pptx

公司簡報範本設計

公司作簡報的機會應該不算少，可以預先設計幾款基本的投影片範本，只要加上公司的標誌和一些圖片的變化，就能快速完成一份與眾不同的簡報設計。屆時公司同仁就可以透過單元 01 所介紹的方式來套用各種的版面配置。

在 PowerPoint 中主要是透過投影片母片來設計標題與投影片，設計者可針對公司的性質來規劃色彩，如果要給客戶穩健經營和信賴的第一印象，那麼深藍色是一個不錯的選擇。

在文字的規劃上，選擇相容性高的系統字型，標題也盡量採用清晰顯著的粗體字來搭配，內文字不要過小，與背景色的對比要強烈些，否則會場後方的觀眾會看得很吃力喔！

【範例成果】

投影片範本

套用簡報範本的結果

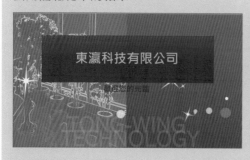
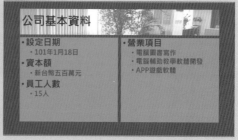

【學習重點】檢視投影片母片、設定投影片母片背景樣式、插入圖片、剪裁圖片、圖片格式調整、調整物件先後順序、插入水平文字方塊、文字透明度設定、文字框套用圖案樣式、文字框填入單色、文字框填入圖片、儲存 PowerPoint 範本。

1 **檢視投影片母片**：首先新增一個
　　空白簡報，我們要透過「檢視」
　　標籤來檢視投影片母片。

　　❶ 新增一個空白簡報
　　❷ 切換到「檢視」標籤
　　❸ 按下「投影片母片」鈕

　　❹ 進入投影片母片編輯狀態

若要離開母片編輯狀態，請由「投影片
母片」標籤中按下「關閉母片檢視」鈕

主要投影片母片設計位置

標題母片設計位置

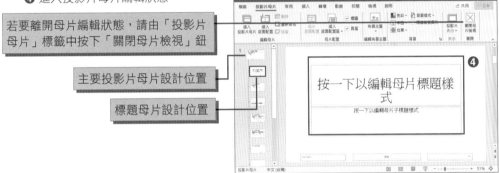

操作MEMO

設計簡報範本時，左邊第一個縮圖是主要投影片母片設計的地方，通常這裡更換了背景底圖
時，其下的所有版面底圖也會跟著更動，而第二個縮圖則是標題母片設計的位置，用於顯示
簡報的標題。

2 **設定投影片母片背景樣式**：首先
　　決定投影片母片的背景色調，請
　　點選左邊第 1 個縮圖，然後再按
　　下「背景樣式」鈕來設定背景格
　　式，如此一來，所有的母片都會
　　套用您所指定的色彩。

　　❶ 點選此投影片縮圖
　　❷ 按下「背景樣式」鈕
　　❸ 選擇「設定背景格式」指令

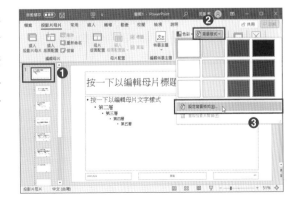

❹ 點選「實心填滿」

❺ 由此下拉挑選顏色

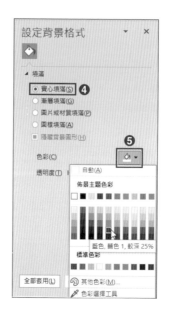

如果要針對某個版面配置的背景樣式做調整，那麼直接選取該投影片的縮圖，再由「背景樣式」下拉做選擇。這裡我們以標題母片做示範。

❶ 點選標題母片的縮圖

❷ 按下「背景樣式」

❸ 由此快速選擇背景樣式，這樣標題投影片就會與其他投影片不一樣了

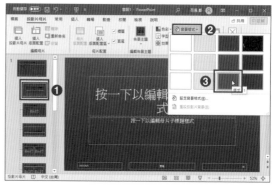

3　插入圖片：投影片母片中如果要插入圖片，一樣是透過「插入」標籤的「圖片」鈕來插入。在此我們為標題母片加入辦公室角落的一景當作裝飾圖案。

❶ 點選標題母片的縮圖

❷ 切換到「插入」標籤

❸ 按「圖片」鈕，下拉選擇「此裝置」指令

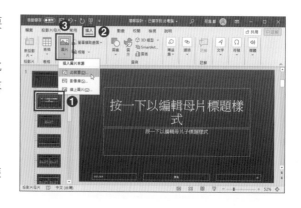

❹ 點選要插入的圖片

❺ 按下「插入」鈕插入圖片

4 **剪裁圖片**：插入的圖片如果需要做裁切，各位不需要用到繪圖軟體的幫忙，只要點選圖片，由「格式」標籤按下「裁剪」鈕即可開始裁切畫面。

❶ 點選圖片

❷ 切換到「圖片格式」標籤

❸ 按下「裁剪」鈕

❹ 拖曳圖片邊緣的裁剪符號，以便決定裁切掉的範圍

❺ 按一下圖片以外的區域，就表示剪裁完成

5 **圖片格式調整**：不想讓插入的場景插圖干擾到標題投影片的文字，可以考慮透過「圖片格式」標籤的「色彩」與「美術效果」來加以調整。

❶ 點選圖片後，切換到「圖片格式」標籤

❷ 按下「色彩」鈕

❸ 下拉選擇要套用的色調

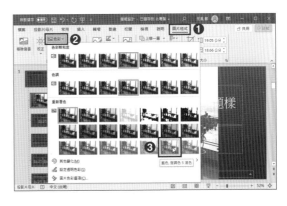

❹ 繼續點選「美術效果」鈕

❺ 選取「光暈邊緣」的美術效果

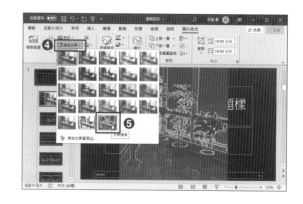

6 **調整物件先後順序**：投影片中插入多個物件後，如果需要調整它們的先後順序，可在物件上按右鍵，由顯示的快顯功能表中選擇上移或下移。

❶ 先由「插入」標籤繼續插入「星點 .png」插圖，並將星點放大

❷ 同時選取加入的兩個插圖，按右鍵執行「移到最下層 / 移到最下層」指令

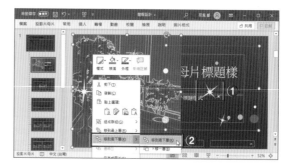

❸ 瞧！標題與副標題的文字方塊已移到圖片之上了

❹ 將多餘的文字方塊選取後加以刪除

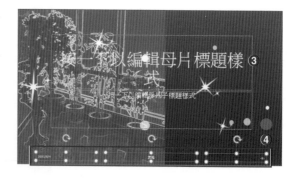

7 **插入水平文字方塊**：投影片上除了標題、副標題的文字方塊外，如果還需要加入其他的文字內容，可利用「插入」標籤的「文字方塊」鈕來加入。此處我們要以水平文字方塊來加入公司的英文名稱。

❶ 點選標題母片

❷ 切換到「插入」標籤

❸ 點選「文字方塊」鈕

❹ 選擇「繪製水平文字方塊」

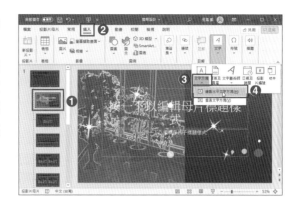

❺ 在頁面上按一下，使加入文字方塊，然後輸入公司名稱

❻ 切換到「常用」標籤，設定文字字體與大小

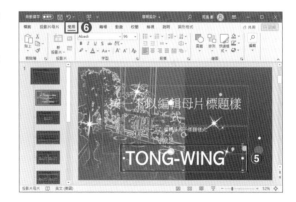

❼ 同上方式完成另一組英文字的加入

8 **文字透明度設定**：加入的文字也可以設定其透明程度，以便背景可以穿透過去。這樣的效果適合用在裝飾的文字上，不適用於標題文字或內文字上！

❶ 點選文字方塊

❷ 切換到「圖形格式」標籤

❸ 按此鈕，使顯現「格式化圖案」面板

❹ 點選「文字選項」

❺ 點選「文字填滿與外框」鈕

❻ 由此設定文字透明度

9 **文字框套用圖案樣式**：預設的文字框也可以隨意地加入背景底色喔，只要選取文字框，由「圖形格式」標籤的「圖案樣式」群組下拉，即可套用喜歡的樣式。

❶ 點選標題文字的方塊

❷ 切換到「圖形格式」標籤

❸ 下拉挑選樣式

❹ 由此自行調整文字的大小、字體與顏色

❺ 按此下拉可調整文字垂直對齊的位置

❻ 以相同方式自訂副標題的文字大小與色彩

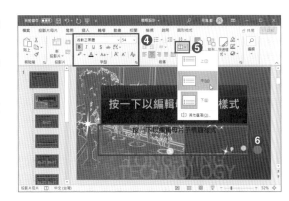

10 **文字框填入單色：**除了套用現成樣式外，也可以直接透過「圖案填滿」 🖌 鈕來選取填滿的效果。這裡以填入單色做示範。

❶ 先選取此投影片縮圖

❷ 選取內文字的文字方塊

❸ 按下「圖案填滿」鈕

❹ 下拉選定顏色，即可看到色彩的變更

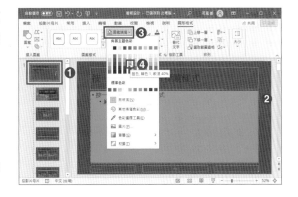

在預設狀態會將整個簡報中的內文字的文字方塊都套用上新的色彩，如果標題母片的副標題不想套用，則請個別設定。

❶ 點選標題母片的縮圖

❷ 點選副標題的文字方塊

❸ 由此下拉選擇「無填滿」

預設值會將所有內文字的文字方塊都套用新的色彩

11 **文字框填入圖片**：文字方塊中也可以填滿圖片喔！一樣是透過「圖案填滿」 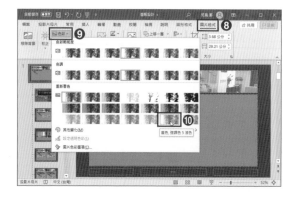 鈕，再選用「圖片」的指令來填滿。

❶ 點選標題的文字方塊

❷ 切換到此投影片母片

❸ 點選「圖案填滿」鈕

❹ 下拉選擇「圖片」指令

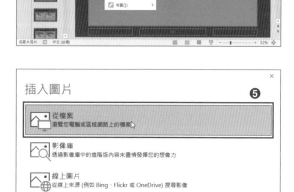

❺ 選擇從檔案插入圖片

❻ 選取圖片縮圖

❼ 按下「插入」鈕

❽ 切換到「圖片格式」標籤

❾ 按下「色彩」鈕

❿ 選擇相同色系的色彩效果

接下來只要再透過「常用」標籤設定一下文字的字體、大小與顏色，整個簡報範本就可算完成。

❶ 分別點選文字

❷ 切換到「常用」標籤

❸ 由此群組選擇字體、大小與顏色

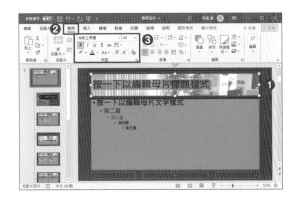

12 **儲存 PowerPoint 範本**：為了方便將來的使用，可以考慮將它儲存成簡報範本。由「投影片母片」標籤按下「關閉母片檢視」後，請點選「檔案」標籤，我們做以下的設定。

❶ 選擇「另存新檔」指令

❷ 下拉選擇「PowerPoint 範本」

❸ 輸入範本名稱

❹ 按下「儲存」鈕儲存範本

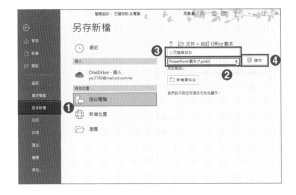

完成上述的範本儲存，下回各位在開新檔案時，切換到「個人」，即可看到自己設計的簡報範本。

❶ 切換到「個人」

❷ 按下此範本縮圖

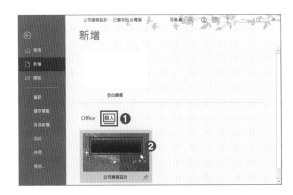

❸ 按下「建立」鈕建立簡報

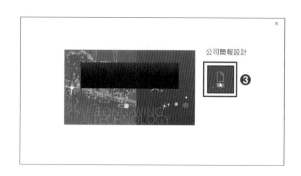

❹ 依照單元 01 介紹的編輯技巧，即
可編輯簡報內容

單元 >>>>>>>

● 範例光碟：03員工職前訓練\教育訓練簡報OK.pptx

03 員工職前訓練

這個範例將針對如何在大綱標籤下編輯投影片，同時介紹如何藉由更改簡報設計範本及投影片的色彩配置，還有「設計構想」的工具讓你能夠輕鬆完成具有專業風格的教育訓練簡報。

【範例成果】

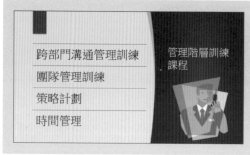

【**學習重點**】檢視大綱模式、以大綱模式編輯投影片內容、增加／減少清單階層、套用佈景主題至所有投影片、套用至選定的投影片、變更範本色彩、自訂範本內的色彩配置、以「設計構想」進行投影片改造。

範例步驟

1 檢視大綱模式：投影片文字的編輯，除了常見直接在文字方塊內輸入文字外，也可以利用大綱模式來快速編輯投影片文字。要檢視大綱模式，可透過「檢視」標籤來做切換。

❶ 先新增空白簡報檔

❷ 切換到「檢視」標籤

❸ 按下「大綱模式」鈕

2 以大綱模式編輯投影片內容：左側的窗格切換成大綱模式後，即可在輸入點處開始輸入文字。通常輸入標題後，投影片編輯區也可以看到對應的文字內容，當按下「Enter」鍵時，它會新增一張投影片。

❶ 於第一張投影片圖示後方輸入文字，按下「Enter」鍵

❷ 瞧！自動新增一張空白投影片

3 **增加／減少清單階層**：如果要做投影片內文的編輯，就必須利用增加縮排的方法，將投影片標題與內文區隔開來。在大綱模式下，必須交互運用增加及減少清單階層鈕來改變層級，以做為新增投影片或段落的界定。

① 切換到「常用」標籤

② 按下「增加清單階層」鈕

③ 輸入文字後按下「Enter」鍵，此時並未增加投影片，而是將插入點移到第二層級的下個段落

④ 按下「減少清單階層」鈕，則層級移到第一層，變成在新投影片的標題層

⑤ 請依相同步驟，繼續於大綱模式下輸入 2 至 7 張投影片的內容文字

4 **套用佈景主題至所有投影片**：想要更改簡報的佈景主題，一般的作法就是將整份簡報都套上相同的佈景主題。

❶ 任點一張投影片後，先切換到「設計」標籤

❷ 下拉選擇此佈景主題，並按滑鼠右鍵

❸ 執行「套用至所有投影片」指令

5 **套用至選定的投影片**：如果特定的投影片想要套用不同的佈景主題，則可透過滑鼠右鍵，再選擇「套用至選定的投影片」指令。

❶ 點選第一張投影片，由「佈景主題」下拉選擇此佈景主題，並按滑鼠右鍵

❷ 執行此指令

6 **變更範本色彩**：在「設計」標籤中利用「色彩」的變化，可以改變佈景主題的色彩配置，讓簡報的色調符合使用者的需求。

❶ 選擇任一投影片

❷ 按「變化」旁的下拉鈕

❸ 由「色彩」下拉選擇想要的色彩配置

7 自訂範本內的色彩配置：確定投影片的色彩配置後，使用者還可自訂範本內的色彩配置。

❶ 點選第一張投影片

❷ 按下此處，由「色彩」下拉執行「自訂色彩」指令

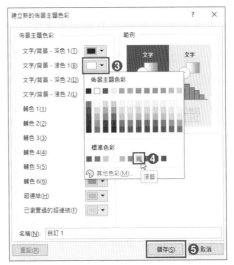

❸ 下拉文字色塊

❹ 選擇要變更的顏色

❺ 按下「儲存」鈕

❻ 這是我們自訂的色彩哦！

8 **以「設計構想」進行投影片改造：**

新版的 PowerPoint 還有一項設計
工具 -「設計構想」，此功能會開
啟「設計構想」的窗格，可立即
進行投影片的改造，讓版面看起
來更有變化和設計質感。

❶ 點選投影片

❷ 由「設計」標籤按下「設計構想」
鈕

❸ 在右側的窗格中選取想要改造的
範本縮圖

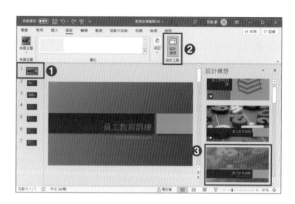

❹ 依序點選其他投影片

❺ 選取要變更的縮圖

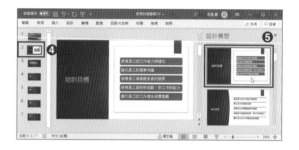

「設計構想」會根據你的內容來
提供不同的投影片建議，所以每
次點選投影片時所呈現的設計效
果都不盡相同，各位可以多嘗試
幾下，會看到更豐富更多樣的版
面喔！

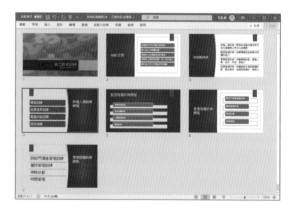

完成畫面的改造後，再為投影片適當加入公司的標誌或陪襯的插圖，就可以呈現出
專業又吸引人的簡報內容。

單元 >>>>>>>

◉ 範例光碟：04公司員工相簿\員工相簿.pptx

04 公司員工相簿

公司裡的員工平常都有機會一起聚餐聊天或外出旅遊，這些活動通常都會留下一些值得回憶的照片，不妨製作成「員工相簿」簡報檔留存，一方面可增進同事彼此之間的感情，也可當作公司的歷史紀錄。

在此範例中，我們將先收集現有員工的照片，利用「新增相簿」的功能，製作成員工相簿簡報檔。在色彩的規劃上。將採用穩重的深褐色系，這樣的深色系背景較容易讓相片凸顯出來。對於重大的活動相片也將輔以文字說明，以便了解活動的主題與內容。

【範例成果】

【**學習重點**】新增相簿、變更相簿、變更佈景主題變化、加入反射圖片效果、文字方塊垂直對齊、文字方塊邊界設定、指定圖片大小與樣式、儲存為 Adobe PDF。

範例步驟

1 **新增相簿**：首先將要使用的相片整理好，放置在同一資料夾中，然後利用「插入」標籤的「相簿」功能來新增相簿。

❶ 新增空白簡報檔

❷ 切換到「插入」標籤

❸ 按下「相簿」鈕，下拉選擇「新增相簿」指令，使進入右圖視窗

❹ 按下「檔案 / 磁碟片」鈕

❺ 全選要使用的相片縮圖

❻ 按下「插入」鈕

❼ 下拉先選擇圖片的配置方式

❽ 設定要插入文字方塊的地方

❾ 按此鈕加入文字方塊

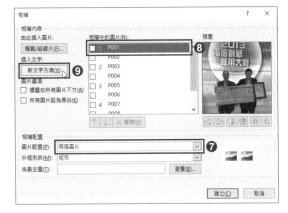

❿ 依序完成文字方塊的加入

⓫ 由此選擇圖片外框的形狀

⓬ 按「瀏覽」鈕決定佈景主題

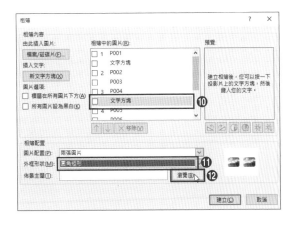

⑬ 點選要套用的佈景主題縮圖

⑭ 按下「選取」鈕

⑮ 按下「建立」鈕完成相簿的建立

2 **變更相簿**：剛剛建立的相簿，萬一有需要做圖片配置或外框形狀…等的調整，可透過「插入」標籤的「相簿 / 編輯相簿」指令，回到原視窗再做變更。

❶ 切換到「插入」標籤

❷ 按下「相簿」鈕

❸ 下拉選擇「編輯相簿」指令

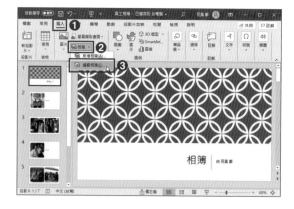

❹ 修正後再按「重新整理」鈕離開

3 **變更佈景主題變化**：剛剛選用的佈景主題雖然符合我們想要的效果，不過白色底會讓相片不易被顯現出來，因此這裡要利用「設計」標籤的「變化」群組來變更佈景主題的色彩。

❶ 切換到「設計」標籤

❷ 按此鈕選擇其他

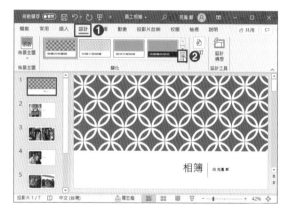

❸ 套用此縮圖的樣式

❹ 顯示變化後的效果

❺ 由此輸入相簿的名稱

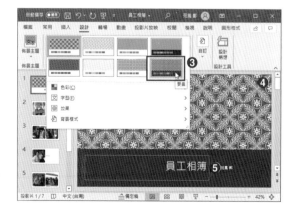

4 **加入反射圖片效果：**佈景主題變更為深褐色後，圖片效果變得較明顯，接著我們要再針對圖片加入「反射」的圖片效果，讓圖片效果更吸引眾人的目光。

❶ 先點選圖片

❷ 切換到「圖片格式」標籤

❸ 按下「圖片效果」鈕，並選擇「反射」效果

❹ 點選要套用的縮圖

❺ 瞧！反射效果顯示在圖片下方了

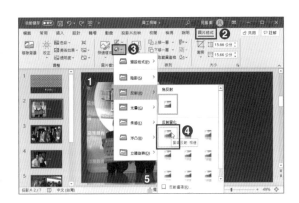

接下來依同樣的方式，為簡報中的圖片都加入相同的反射圖片效果。

5 **文字方塊垂直對齊：**前面在簡報中所加入的文字方塊，其預設的垂直對齊方式是在文字框的中間，如果要變更垂直對齊方式，可透過「常用」標籤的「對齊文字」 鈕來做變更。

❶ 點選文字方塊

❷ 切換到「常用」標籤

❸ 按下「對齊文字」鈕

❹ 變更為「上」的對齊方式

❺ 輸入要表達的文字內容

❻ 點選首字，由此做文字加大與顏色的設定

6 **文字方塊邊界設定**：預設的文字
方塊和預設的圖片位置是相近
的，若要讓文字框和圖片之間有
更寬闊的間距，則可透過以下的
方式來作變更。

❶ 按下「對齊文字」鈕
❷ 下拉選擇「其他選項」

❸ 點選「文字選項」
❹ 點選「文字方塊」鈕
❺ 由此分別設定上/下/左/右的邊
界值

7 **指定圖片大小與樣式**：為了讓簡
報的標題版面更吸引眾人的目
光，我們將由「插入」標籤的
「圖片」鈕插入相片，同時設定
相同的圖片尺寸與圖片樣式。

❶ 由「插入」標籤按下「圖片」鈕，
並選擇「此裝置」指令，使進入
此視窗
❷ 選取要插入的圖片縮圖
❸ 按下「插入」鈕

❹ 切換到「圖片格式」標籤

❺ 由此二處將圖片大小設為 5 公分

❻ 下拉點選此縮圖，使套用「斜角霧面，白色」的圖片樣式

❼ 依序調整圖片放置的位置

❽ 利用此鈕則可轉動圖片旋轉的角度

8 **儲存為 Adobe PDF**：完成的簡報檔，也可將它儲存為 Adobe 的 PDF 格式，這樣可以提供給更多人瀏覽。請按下「檔案」標籤，然後做以下的設定。

❶ 點選「匯出」

❷ 點選「建立 PDF/XPS 文件」

❸ 再按下「建立 PDF/XPS」鈕

❹ 設定存放的位置

❺ 確認名稱

❻ 按下「發佈」鈕

❼ 自動以瀏覽器開啟 PDF 文件

單元 >>>>>>

💿 範例光碟：05職工福利委員會簡報\職工福利委員會簡報OK.pptx

05 職工福利委員會簡報

較具規模的企業或公司，通常都會成立職工福利委員會的組織，用以團結會員的力量，向公司爭取較優的福利，同時藉由各項活動的舉辦，來聯絡彼此之間的感情。在此範例中，我們將從網站上面下載線上範本來使用，除了介紹項目符號的使用技巧外，也會介紹表格的基本編輯，另外還會教大家如何將電腦螢幕上的畫面擷取下來，以及文字的超連結設定。

【範例成果】

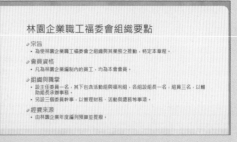

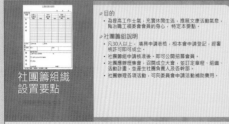

【學習重點】下載線上範本、由圖示鈕新增表格、儲存格的合併與對齊、插入圖案式項目符號、複製格式、從螢幕擷取畫面、文字超連結設定。

範例步驟

1 **下載線上範本：**網站上存放著各式各樣的簡報範本，如果 PowerPoint 預設的佈景主題沒有你想要的風格，那麼就到網站上去搜尋吧！請按「新增」標籤，再透過以下的方式來找尋適合的簡報範本。

❶ 點選「新增」指令

❷ 由此點選「商務」類別

❸ 找到要使用的簡報範本

❹ 按下「建立」鈕

❺ 簡報已建立，請自行儲存簡報檔

簡報建立後，左側的縮圖已包含
各種類型的版面配置，方便各位
直接選用。或者你也可以依照先
前介紹的方式，透過「常用」標
籤的「投影片版面配置」鈕來選
擇要使用的版面，如右圖所示：

❻ 切換到「常用」標籤

❼ 按下「投影片版面配置」鈕，再
　選用要套用的版面配置

> 這裡也顯示各種的版面配置可以選用

接下來請開啟「文字文件 .txt」，
然後依序將文字複製 / 貼入投影
片的文字方塊中，使畫面顯現如
圖：（也可以直接開啟範例檔「職
工福利委員會簡報.pptx」檔案）

2 **由圖示鈕新增表格**：在第三張投
影片，我們選用「標題及物件」
的版面配置，而文字方塊中就包
含了表格、圖表、圖片…等圖
示，只要按下 ▦ 圖示鈕，即可插
入表格。

❶ 切換到第三張投影片縮圖

❷ 按下「插入表格」鈕

❸ 設定為 3 欄 4 列的表格

❹ 按下「確定」鈕

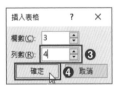

❺ 顯示插入的表格

3 **儲存格的合併與對齊：**建立表格後，如果儲存格需要做合併，可透過「版面配置」標籤的「合併儲存格」鈕來合併。同樣地，透過「版面配置」標籤也可以設定儲存格文字的水平 / 垂直對齊方式。

❶ 選取第 1 列的深綠色儲存格

❷ 切換到「版面配置」標籤

❸ 按下「合併儲存格」鈕

❹ 瞧！第 1 列的儲存格已合併為一個

❺ 再選取此三個儲存格

❻ 按此鈕合併

❼ 依序在儲存格內輸入文字

❽ 拖曳此邊界線，可將表格變大

❾ 按此鈕，將文字水平置中

❿ 按此鈕，將文字垂直置中

⑪ 按「Enter」鍵增加此部分文字的
行距，完成表格的編輯

4 **插入圖案式項目符號：**在此範本
中，預設的項目符號都是小圓
點，沒有什麼特色，不過各位可
以將喜歡的項目符號插入至簡報
中。設定方式如下：

❶ 將輸入點放置在「宗旨」之前
❷ 切換到「常用」標籤
❸ 按下「項目符號」鈕
❹ 選擇「項目符號及編號」指令

❺ 點選「圖片」鈕

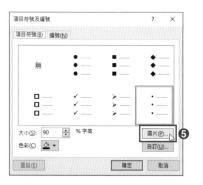

❻ 按下「從檔案」

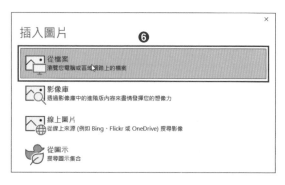

❼ 點選圖檔

❽ 按下「插入」鈕

❾ 瞧！自訂的項目符號出現了

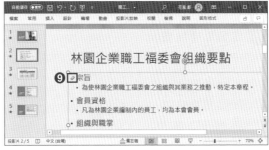

5 **複製格式**：剛剛加入的項目符號
只有一個，如果要一個個做設定
就得花費不少時間。要是會使用
「複製格式」功能，那麼就可以
快速完成項目符號的設定。

❶ 選取此段文字

❷ 切換到「常用」標籤

❸ 於「複製格式」鈕按滑鼠兩下

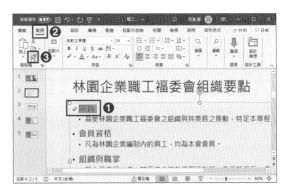

❹ 依序點選該層級的文字，即可複
製項目符號

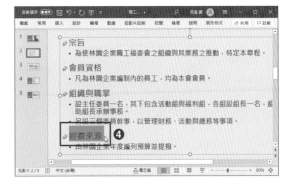

❺ 依序切換到其他的投影片，繼續完成項目符號的複製

❻ 設定完成再按一下此鈕，使停止複製

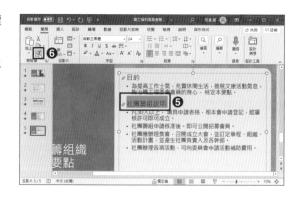

6 **從螢幕擷取畫面**：在 PowerPoint 中，各位也可以將螢幕上開啟的畫面，直接擷取到簡報中使用。此處筆者想將「子女獎學金申請表 .docx」的畫面直接擷取到簡報檔中，擷取時請先將該文件開啟，然後透過以下的方式來擷取：

❶ 先切換到第 4 張投影片

❷ 切換到「插入」標籤

❸ 按下「螢幕擷取畫面」鈕

❹ 點選「畫面剪輯」指令

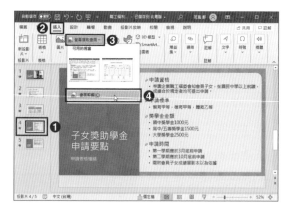

❺ 切換到該文件後，自動顯示半透明的效果，請自行拖曳出要保留的區域範圍

❻ 回到簡報檔，即可看到擷取下來
的畫面，透過四角控制點將畫面
縮小，並置於左上方處

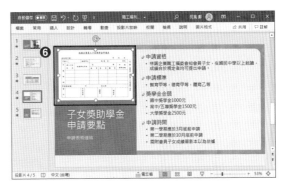

接下來透過相同的方式，將「社
團組織申請表 .docx」文件中的
表格也擷取到第 5 張的投影片
中。如圖示：

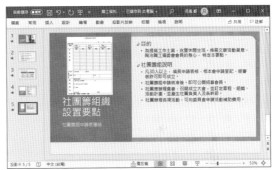

7 **文字超連結設定**：為了方便觀看
簡報的會員可以快速看到各申請
表的文件，我們可以透過文字超
連結的方式來連結文件。此處將
使用「插入」標籤中的「連結」
鈕來處理：

❶ 點選要做超連結的文字

❷ 切換到「插入」標籤

❸ 按下「連結」鈕，並選擇「插入
連結」指令

❹ 點選「現存的檔案或網頁」

❺ 點選「目前資料夾」

❻ 選取要連結的文件縮圖

❼ 按下「確定」鈕

❽ 設定完成的超連結文字，會有下底線的出現

❾ 同上方式完成第 5 張投影片的設定

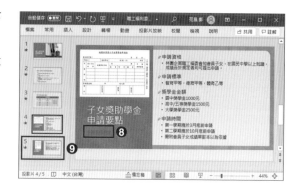

單元 >>>>>>
💿 範例光碟：06員工旅遊行程簡報\員工旅遊行程簡報.pptx

06 員工旅遊行程簡報

隨著國人日益重視休閒生活，旅遊人數越來越多，較具規模的公司行號，也會適時地提供員工到國內外旅行的機會。本章範例將把北海道旅遊的精彩行程與出團等相關資訊，推薦給公司裡的所有員工。

【範例成果】

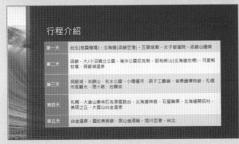

【學習重點】
新增簡報範本、插入文字藝術師、文字藝術師樣式修改、更改項目符號圖示與顏色、剪裁成指定的圖形、設定圖片框線、表格樣式選項設定。

範例步驟

1 **新增簡報範本**：首先由網路上新
增與大自然有關的簡報範本，以
便能夠符合這次旅遊的主題。

❶ 點選「新增」

❷ 由此搜尋「自然」的類別

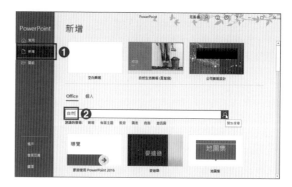

❸ 按下「海浪自然簡報」的範本縮圖

❹ 按下「建立」鈕

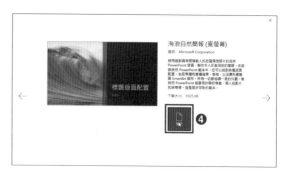

接下來先在第一頁插入與此次旅
遊相關的相片，就可以讓簡報看
起來與眾不同。

❶ 由「插入」標籤按下「圖片」鈕，
下拉選擇「此裝置」，使插入 4.jpg、
5.jpg、6.jpg 三張圖片，並編排成
如右圖的位置

❷ 同時點選三張圖片

❸ 由「圖片格式」標籤按下「圖片
　效果」鈕

❹ 下拉加入「反射」的效果

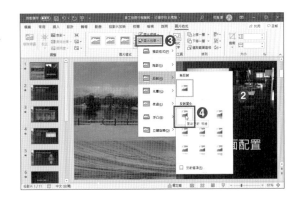

2 **插入文字藝術師**：在標題投影片
上，我們將利用「文字藝術師」
的功能來做出像藝術般的文字，
讓標題投影片可以吸引更多人的
目光。

❶ 先刪除原有的標題文字框

❷ 切換到「插入」標籤

❸ 按下「文字藝術師」鈕

❹ 點選此樣式

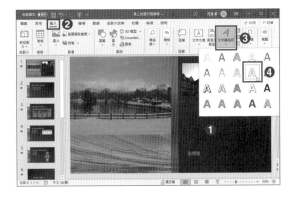

❺ 由顯現的文字方塊中輸入標題文字

❻ 切換到「常用」標籤，由此設定
　文字大小

3 **文字藝術師樣式修改**：加入文字
藝術師的文字後，使用者隨時可
以調整文字的效果。不管是陰
影、反射、光暈、浮凸、立體旋
轉、或是各種的變形效果，只要
透過滑鼠輕輕點選縮圖，文字效
果馬上就能顯現在眼前。

❶ 點選文字方塊

❷ 由「圖形格式」標籤按下「文字
效果」鈕

❸ 加入「反射」效果

❹ 輸入副標題文字，完成標題投影
片的設定

如要調整細部屬性，可點選「反射選項」的指令

4 **更改項目符號圖示與顏色**：於第
二張投影片部分，我們將採用
「兩個內容」的版面配置，輸入
文字內容後，由於預設的項目符
號只是小圓點沒什麼變化，因此
我們要透過「項目符號」的功能
來變更圖示，同時設定項目符號
的色彩。

❶ 先按「Delete」鍵刪除多餘的投影
片

❷ 由此下拉，將第 2 張投影片的版
面配置變更為「兩個內容」

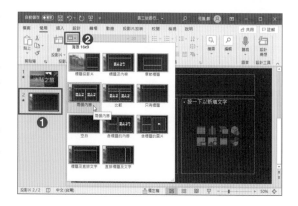

❸ 先輸入文字內容（可參閱「文字文件 .txt」），然後全選文字

❹ 由「常用」標籤按下「項目符號」鈕

❺ 選取「項目符號及編號」指令

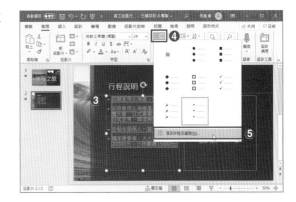

❻ 選此項目符號

❼ 下拉選擇顏色

❽ 按下「確定」鈕離開

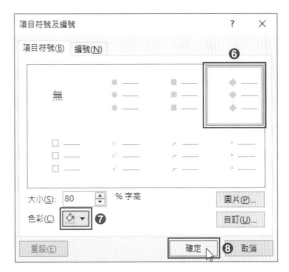

❾ 顯示項目符號變更後的結果

5 **剪裁成指定的圖形**：通常利用「圖片」鈕插入的圖片，都是長方形的造型，不過利用「裁剪」指令，也可以將長方形的相片剪裁成指定的造型喔！設定方式如下：

❶ 先由「圖片」鈕插入「2.jpg」圖檔

❷ 切換到「圖片格式」標籤

❸ 按下「裁剪」鈕

❹ 選擇「剪裁成圖形」指令

❺ 再選取要套用的造型

6 **設定圖片框線**：圖片被剪裁後，接著要加入圖片框線，這樣可以讓圖片變得較明顯些。各位可以透過「圖片格式」標籤的「圖片框線」鈕來設定線條的粗細與色彩。

❶ 點選圖片後，按「圖片框線」鈕，並下拉選擇顏色

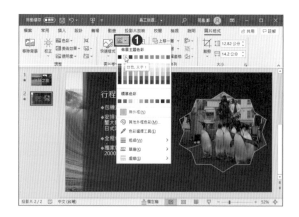

❷ 繼續按下「圖片框線」鈕

❸ 選擇「粗細」指令

❹ 繼續選擇線條的寬度

❺ 瞧！顯示套用後的效果

更大的寬度可按此項做設定

7 **表格樣式選項設定：**接下來的兩張投影片是表格的設定，請選用「標題及內容」的版面配置，並透過「插入表格」圖示鈕，分別插入 2 欄 5 列與 7 欄 7 列的表格，我們將透過「設計」標籤的「表格樣式選項」群組來調整表格的欄列選項。

❶ 新增 2 張投影片，並選用「標題及內容」的版面配置

❷ 按下「插入表格」圖示鈕

❸ 設定表格欄列數，按下「確定」鈕離開

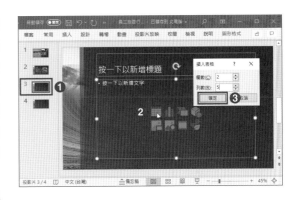

❹ 先將提供的文字內容貼入

❺ 切換到「表格設計」標籤

❻ 勾選「首欄」，將使第一個欄顯示不同的色彩

❼ 勾選「帶狀列」會以兩種色彩交互顯示列的顏色

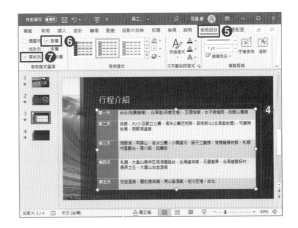

❽ 切換到「版面配置」標籤

❾ 按此鈕讓文字垂直置中

⓾ 同上方式在第四張投影片插入 7 欄
　 7 列表格

⓫ 選取第 1 列儲存格

⓬ 按此鈕合併儲存格

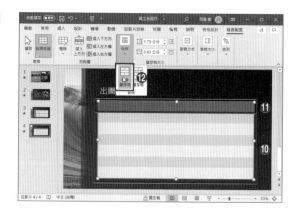

⓭ 輸入日期月份，由「常用」標籤
　 加大字體尺寸，並以顏色標示出
　 要出團的時間

⓮ 由「版面配置」標籤設定置中對
　 齊與垂直置中

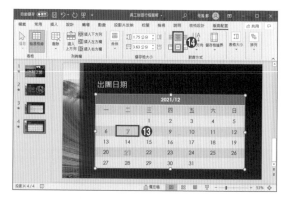

⓯ 取消「帶狀列」，改勾選「帶狀欄」

⓰ 瞧！表格設定完成，顯示不一樣
　 的效果

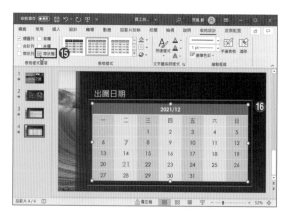

單元 >>>>>>>

🔵 範例光碟：07福委會活動企劃\福委會活動企劃.pptx

07 福委會活動企劃

在單元 02 中，我們曾經介紹過簡報範本的製作技巧，以及如何儲存成範本檔的方式。這樣的範本檔案分享給其他同事後，如何運用這些範本來編輯簡報，便是這個章節要告訴各位的重點。另外如何善用現成的文字檔，以及如何加入背景音樂，也是這章要與各位探討的重點喔！

【範例成果】

【學習重點】瀏覽佈景主題、從大綱插入投影片、插入線上圖片、設定透明色彩、插入個人電腦上的音訊、在背景播放音訊。

範例步驟

1 **瀏覽佈景主題：**當各位拿到簡報
的範本檔，通常只要於該檔案縮
圖按滑鼠兩下，即可開啟與該範
本相同佈景主題的空白簡報。
❶ 於範本檔上按滑鼠兩下

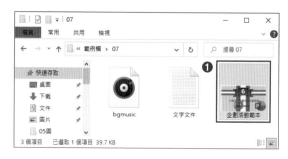

❷ 瞧！開啟與該範本相同佈景主題
的空白簡報

如果各位已經開啟一般的空白簡
報，那麼可以透過「瀏覽佈景主
題」的功能來套用簡報範本。
❶ 開啟空白簡報
❷ 切換到「設計」標籤
❸ 由「佈景主題」下拉選擇「瀏覽
佈景主題」指令

❹ 點選範本檔的縮圖
❺ 按下「套用」鈕

❻ 顯示套用的結果

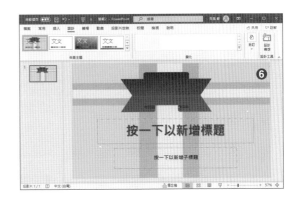

2 **從大綱插入投影片**：各位如果有現成的文字檔，不妨利用記事本先整理成如右的大綱形式，再利用「從大綱插入投影片」指令，來將文字插入至簡報中，這樣就可以省下許多編輯文字的時間喔。在儲存 txt 檔時，請將「編碼」設為「UTF-16LE」，這樣插入後的文字才能正常顯示喔！

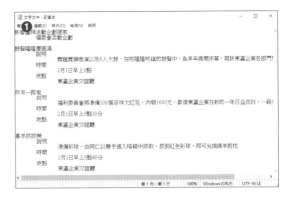

❶ 先以「Tab」鍵分隔層級，然後儲存成 *.txt 文字檔

❷ 切換到「插入」標籤
❸ 按下「新投影片」鈕
❹ 選擇「從大綱插入投影片」指令

❺ 點選文字檔

❻ 按下「插入」鈕

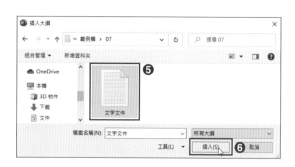

❼ 點選第 1 張投影片，按下「Delete」鍵使之刪除

❽ 再由此變更版面配置為「標題投影片」

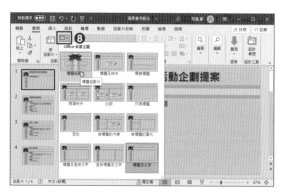

❾ 瞧！簡報文字內容已設定完成

3 **插入線上圖片：**簡報中除了插入
我們自己準備的圖片外，也可以
利用「線上圖片」的方式，透過
Bing 搜尋相關圖案。

❶ 點選第 2 張投影片

❷ 切換到「插入」標籤

❸ 由「圖片」鈕下拉選擇「線上圖
片」

❹ 輸入要搜尋的主題「鼓」，並按
「Enter」鍵開始搜尋

❺ 點選要使用的圖片

❻ 按下「插入」鈕

❼ 由「圖片格式」標籤按下「裁剪」
鈕，再選擇「裁剪」指令

❽ 設定要保留的區域

❾ 顯示裁切後的圖片，拖曳四角控制點，使調整其比例

❿ 同上方式搜尋「發財」與「羊」的線上圖片，完成第 3、4 張投影片的插圖

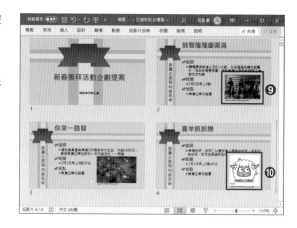

4 **設定透明色彩**：所插入的插圖如果包含背景的白色，看起來會較為突兀，我們將利用「設定透明色彩」的功能，讓背景的白色消失不見。

❶ 點選此插圖

❷ 切換到「圖片格式」標籤

❸ 按下「色彩」鈕

❹ 下拉選擇「設定透明色彩」的指令

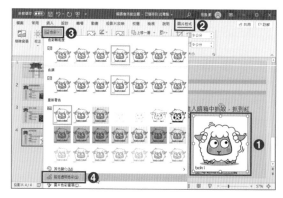

❺ 以滑鼠點選一下白色背景，就自動變成透明了

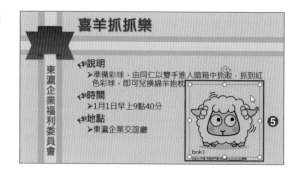

5 **插入個人電腦上的音訊**：製作完
成的簡報如果想要加入背景音樂
當作陪襯，那麼可利用「插入」
標籤的「音訊」鈕來插入現有聲
音檔。

❶ 點選第一張投影片

❷ 切換到「插入」標籤

❸ 按下「音訊」鈕

❹ 下拉選擇「我個人電腦上的音訊」
　　指令

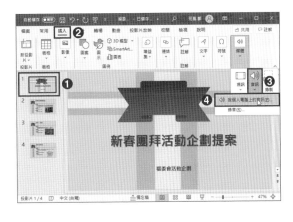

❺ 點選聲音檔

❻ 按下「插入」鈕

❼ 顯示插入的音訊圖示

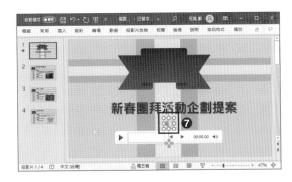

6 **在背景播放音訊**：聲音加入到簡報中，預設是要按一下音訊的圖示它才會開始播放聲音，而且切換到下一張投影片時音樂就會自動停止。由於我們希望音樂是在整個簡報的背景作播放，因此要再透過「播放」標籤做音樂樣式的設定。

❶ 點選聲音圖示
❷ 切換到「播放」標籤
❸ 按下「在背景播放」鈕

設定完成後，當各位播放簡報時，即可跨投影片聽到美妙的背景音樂了！

單元 >>>>>>>
08

💿 範例光碟：08讀書會心得報告\串接讀書心得報告.pptx

讀書會心得報告

很多單位都有讀書會的組織，其目的就是讓會員養成讀書的習慣，並把自己讀書後的心得分享給其他會員，如此一來不但自己充實了智慧，也訓練自己的表達能力，也可以藉由他人的分享報告來得到更多的寶貴知識。

PowerPoint 所提供的專業範本多達二百多種，而且適用於各種主題和行業，而這個範例是從簡報範本中挑選適用的主題範本，讓參與此次讀書會的會員，能夠預先知道此次報告所包含的主題，同時把要報告的會員簡報一併串接起來，加入換片效果，成為此次讀書會報告的簡報檔，這樣既可以讓讀書會的進行過程更順暢，也不會因為主題與主講人的替換而耽誤到時間。

【範例成果】

● ● ● │ 心 　　　　　　　　得

- 可以最少的資料達到最大的效果
- 花最短的時間做最精確的表達
- 學到最輕鬆簡潔的資料整理方式
- 讓文字比重、用色、文件版面配置的實務技巧，確實應用到工作上
- 以簡單清楚的說明方式，帶領讀者輕鬆做出最紮實與正確的圖解說明

● ● ● │ 結 　　　　　　　　語

- 是目前最暢銷的職場工作用書，確實可提升個人的競爭能力
- 讓我個人擁有最紮實的報告觀念，做出最正確的報告
- 完整收錄各種實用圖解範例，且分類清楚，易學易套用
- 強制推薦給大家，讓您的報告加分更出色

● ● ● │ 心 　　　　　　　　得

- 可以最少的資料達到最大的效果
- 花最短的時間做最精確的表達
- 學到最輕鬆簡潔的資料整理方式
- 讓文字比重、用色、文件版面配置的實務技巧，確實應用到工作上
- 以簡單清楚的說明方式，帶領讀者輕鬆做出最紮實與正確的圖解說明

● ● ● │ 結 　　　　　　　　語

- 是目前最暢銷的職場工作用書，確實可提升個人的競爭能力
- 讓我個人擁有最紮實的報告觀念，做出最正確的報告
- 完整收錄各種實用圖解範例，且分類清楚，易學易套用
- 強制推薦給大家，讓您的報告加分更出色

人際關係平衡點

報告者：喬可欣

報告宗旨：告訴大家如何能成為職場上人際關係教育的傳教者

內　　容　　大　　綱

◆ 主動溝通與耐心傾聽

◆ 降低衝突的方法

◆ 情緒控管

心 　　　　　　　　得

在溝通部份
溝通是人際關係中最重要的一環，它是人與人之間傳遞感情、態度、事實、信念和想法的過程。
在溝通的過程中，可能會因為溝通者雙方的方式而造成曲解，因此溝通的雙方必須藉由不斷的回饋，去追溝雙方接收及了解到的是否一致。
在降低衝突部份
需謹言慎行，勿隨便批評議論，並嚴慎束宴長，西家短地談論是非，因最容易造成彼此心中挖掘的行為導過於在他人背後高談闊論其缺點。
在情緒控管部份
要有寬廣的胸襟去接納，欣賞與自己不同類型的人或不同見解的觀點，不過於堅守己見。

結 　　　　　　　　語

◆ 站在對方立場設想，將心比心，並且用溫暖、尊重、了解的方式去溝通。
◆ 了解溝通的障礙並且盡可能去突破，首先要秉持與人溝通的意願，以一顆開放的心靈錘聽，勿立下價值判斷，最好以對方的立場和觀點去設想。
◆ 第一位好的聽眾，用心去傾聽對方的想法與感受，然後要坦誠地告訴對方，我們聽到了什麼？有什麼樣的感受和想法？
◆ 加強對自己的了解，知道自己會說出什麼樣的話，也是能與他人維繫良好人際關係的技巧之一。
◆ 要善於處理自己的情緒，不要讓不好的情緒影響了周邊的人。

【學習重點】新增簡報範本、編修範本內容、新增節、重複使用投影片、章節的移動與展開/摺疊、全部套用相同切換效果。

範例步驟

1 **新增簡報範本**：首先透過「新增」
功能找到適用主題的簡報範本，
並開啟至簡報中。
❶ 按下「新增」鈕
❷ 點選「簡報」

❸ 點選與書有關的簡報範本

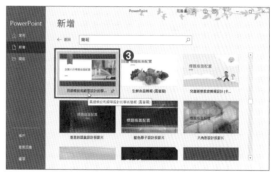

❹ 按下「建立」鈕

❺ 顯示建立的投影片

2 **編修範本內容：**剛剛建立的範本
包含了許多的版面配置，刪除不
會用到的投影片後，接下來開始
準備編修簡報的文字內容：

❶ 保留第 1 和第 6 張投影片，其餘
的按「Delete」鍵刪除

❷ 輸入第一張投影片的標題與副標
題文字

❸ 切換到第二張投影片，點選文字
方塊，輸入讀書會的報告主題與
主講者名字

❹ 由「常用」標籤設定報告主題的
文字為粗體，並加入項目符號

3 **新增節：**由於這個簡報是要串接
多個心得報告的內容，為了方便
串接內容的調整，我們可以在左
側的窗格來新增章節。設定方式
如下：

❶ 在第二張投影片下方按右鍵，執
行「新增節」指令

❷ 輸入第一個心得報告的主題名稱

❸ 按此鈕重新命名

❹ 顯示新增的章節

❺ 以同樣方式完成另一個章節的新增

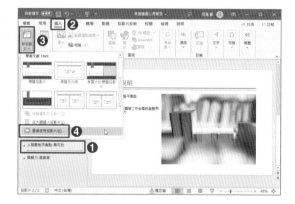

4 **重複使用投影片**：章節設定完成後，接著要將會員所做的簡報檔加入到此簡報中，此處我們使用「插入」標籤的「重複使用投影片」功能。

❶ 在章節下方按一下滑鼠，使出現如圖的紅色橫線

❷ 切換到「插入」標籤

❸ 按下「新投影片」鈕

❹ 選擇「重複使用投影片」指令

❺ 按下「瀏覽」鈕

❻ 點選第一份心得報告

❼ 按下「開啟」鈕

❽ 勾選此項，使保留原來簡報檔的格式設定

❾ 依照順序點選要插入的投影片

❿ 將插入的投影片移至第一個章節之中

⓫ 同上方式，繼續將第二份心得報告的內容插入至第二個章節中

⓬ 完成兩份簡報內容的串接

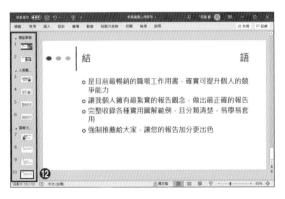

使用「重複使用投影片」功能加入投影片時，即使原先投影片大小（標準 4:3）與目前的投影片大小（寬螢幕 16:9）不相同，它也會自動修正喔！

5 **章節的移動與展開 / 摺疊：** 在簡報中新增章節後，如果需要修改演講者的先後順序，可按右鍵進行章節的上移或下移。

❶ 在章節名稱上按右鍵

❷ 執行「章節下移」指令

❸ 瞧！章節順序改變了

除了調整章節順序外，還可進行章節的摺疊或展開，如果因為時間的關係需要刪除某些章節和投影片，也可以透過右鍵來處理。

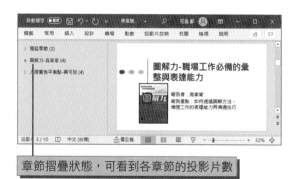

章節摺疊狀態，可看到各章節的投影片數

6 **全部套用相同切換效果：** 目前串
接而成的心得報告，並未加入任
何的換片效果，此處我們將統一
加入相同的切換效果，讓簡報有
整體感。

❶ 點選第一張投影片

❷ 切換到「轉場」標籤

❸ 按此鈕選擇其他

❹ 選擇「閃爍」的華麗效果

❺ 按下「全部套用」鈕，使套用到
整個簡報中

完成如上設定，當各位播放簡報
就會看到如圖的切換效果：

單元 >>>>>>>
09
◉ 範例光碟：09各部門人力分析簡報\各部門人力分析簡報.pptx

各部門人力分析簡報

這一章主要介紹 SmartArt 圖形的使用，包括圖形的建立、改變圖形的版面配置、變更圖形的樣式與色彩等技巧，讓各位輕鬆利用圖形來美化簡報的內容。

【範例成果】

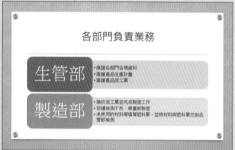
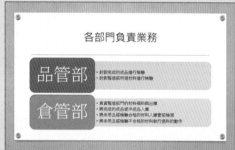

【學習重點】 由版面圖示鈕插入 SmartArt 圖形、改變 SmartArt 圖形的版面配置、建立圖形技巧、複製投影片、變更 SmartArt 樣式、變更 SmartArt 樣式色彩。

範例步驟

首先請於範例檔中所提供的「簡報範本.potx」按滑鼠兩下，使開啟包含佈景主題的空白簡報，同時輸入簡報的標題與副標題文字。

❶ 於圖示按滑鼠兩下

❷ 在開啟的空白簡報中輸入標題文字與副標題文字後，請自行儲存檔案

1 **由版面圖示鈕插入 SmartArt 圖形：**
當各位在簡報中按下「Enter」鍵新增第二張投影片後，接下來要透過版面上的圖示鈕來插入 SmartArt 圖形。

❶ 按下「Enter」鍵新增第二張投影片

❷ 按此鈕準備插入 SmartArt 圖形

❸ 選擇圖形樣式

❹ 按下「確定」鈕

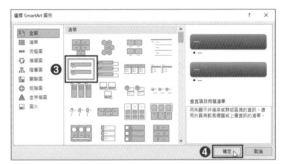

❺ 顯示插入的圖形效果

2 **改變 SmartArt 圖形的版面配置：**
圖形插入後，若覺得圖形不適
用，隨時可以透過「設計」標籤
的「改變版面配置」鈕來變更
SmartArt 圖形。

❶ 先選取圖形

❷ 切換到「SmartArt 設計」標籤

❸ 按下「改變版面配置」鈕

❹ 選擇要變更的新圖形

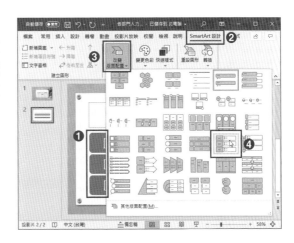

❺ 完成圖形的變更

3 **建立圖形技巧：** 產生基本的
SmartAart 圖形後，接下來可以
利用「SmartAart 設計」標籤的
「建立圖形」群組，來新增圖
案或升 / 降階的設定，或是透過
「文字窗格」來輸入文字。此處
我們示範透過「文字窗格」來鍵
入文字。

❶ 點選 SmartAart 圖形

❷ 切換到「SmartAart 設計」標籤

❸ 按下「文字窗格」鈕，使顯現如
下的窗格

❹ 點選欄位，輸入標題文字

❺ 依序點選欄位，輸入清單文字

❻ 清單不敷使用時，按「Enter」鍵
　可新增欄位

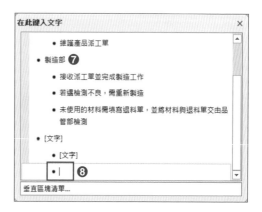

❼ 同上方式，繼續輸入文字內容

❽ 多餘的欄位可在點選後，按
　「Backspace」鍵依序刪除

❾ 顯示完成的文字窗格與投影片效果

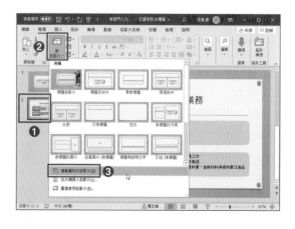

4　**複製投影片：**第三張投影片由於
　和第二張投影片相同，所以可透
　過「複製投影片」的功能來複製
　SmartArt 圖形，屆時修改文字內
　容即可。

❶ 點選第二張投影片

❷ 由「常用」標籤按下「新投影片」
　鈕

❸ 下拉選擇「複製選取的投影片」
　指令，使複製投影片

❹ 點選文字方塊，輸入新的文字內容，即可完成第三張投影片

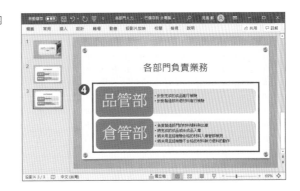

5 **變更 SmartArt 樣式**：針對 SmartArt 圖形來說，事實上 PowerPoint 提供多種的樣式可以選用，如果不滿意剛剛設定的樣式效果，那麼就透過「設計」標籤的「快速樣式」鈕來做變更。

❶ 點選投影片

❷ 切換到「SmartArt 設計」標籤

❸ 按下「快速樣式」鈕，並選取新套用的樣式

❹ 顯示變更後的效果

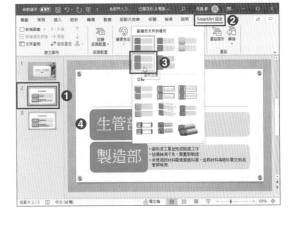

6 **變更 SmartArt 樣式色彩**：SmartArt 圖形除了可做樣式的變更外，想要變更顏色也是輕而易舉的事，一樣是透過「SmartArt 設計」標籤來處理。

❶ 點選投影片

❷ 按下「變更色彩」鈕

❸ 選擇要套用的色彩效果

❹ 顯示套用後的效果

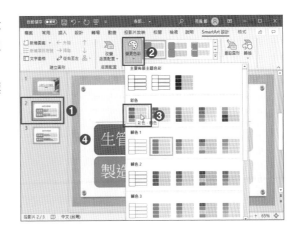

依此方式，即可完成另一張投影片的設定。

單元 >>>>>> 範例光碟：10內部教育訓練\內部教育訓練OK.pptx

10 內部教育訓練

在單元 08 的範例中，各位曾經學習過如何全部套用相同的換片效果，而本章則將針對投影片的各種切換效果做說明，包括預覽、效果選項設定、聲音設定、預存換片時間等功能做解說，讓各位可以更隨心所欲的設定換片的變化。

另外，針對不同的播放設備，我們也可以自行調整投影片的比例大小，好讓簡報得以最大值顯現於螢幕上。我們還會告訴各位如何儲存簡報的播放檔，讓沒有 PowerPoint 軟體的電腦，也可以自動播放簡報內容。

【範例成果】

【學習重點】變更投影片大小、預覽投影片切換效果、投影片切換效果選項變更、設定投影片切換聲音、預存投影片換片時間、儲存成 PowerPoint 播放檔。

範例步驟

1 **變更投影片大小：** 在新版的簡報軟體中，通常預設開啟的空白簡報，都是寬螢幕 (16：9) 的比例，這是因為大多數的電腦螢幕皆是使用此比例。萬一設計好的簡報內容要在標準電腦 (4：3) 上播放，或是完成的簡報要製作成 35mm 的幻燈片，那麼可以透過「設計」標籤的「投影片大小」來做變更。請開啟「內部教育訓練 _ 原.pptx」簡報檔，我們以此簡報做說明。

❶ 開啟「內部教育訓練 _ 原.pptx」簡報檔

❷ 切換到「設計」標籤

❸ 按下「投影片大小」鈕

❹ 下拉選擇「自訂投影片大小」

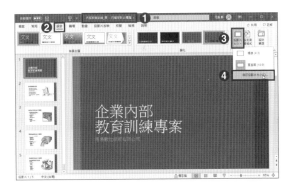

❺ 下拉選擇要使用的投影片大小

❻ 設定投影片方向

❼ 按下「確定」鈕

❽ 選擇要呈現的方式

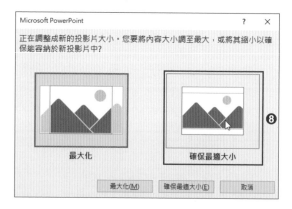

❾ 顯示調整後的投影片比例

2 **預覽投影片切換效果：**接下來我
們要依序為投影片加入各種的切
換效果，選用效果時，可透過
「轉場」標籤的「預覽」鈕來預
覽換片效果。

❶ 點選投影片

❷ 切換到「轉場」標籤

❸ 下拉選擇要套用的切換效果

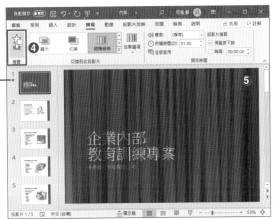

❹ 按下「預覽」鈕預覽效果

❺ 這裡可馬上看到切換的效果

選用效果後，這裡會
顯示星號作為標記

接下來請各位依照下面的指示，
來為其他投影片加入與預覽換片
效果。

頁面捲曲

紙飛機

漩渦

揉捏

3 **投影片切換效果選項變更：** 針對所選用的各種換片效果，PowerPoint 還提供「選項效果」的功能，讓使用者針對變換的方向做選擇。

❶ 按下「效果選項」鈕

❷ 下拉選擇「水平方向」

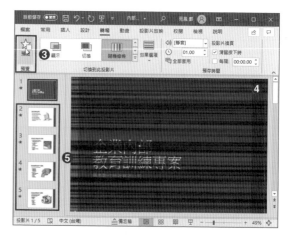

❸ 按下「預覽」鈕

❹ 瞧！變成水平方向的線條了

❺ 以同樣方式自行設定其他投影片的效果選項

4 **設定投影片切換聲音：** 投影片切換時，也可以考慮加入聲音特效，這樣可以引起瀏覽者的注意力，讓他們把注意力移回到簡報上。

❶ 點選投影片

❷ 切換到「轉場」標籤

❸ 由「聲音」下拉選擇要使用的音效

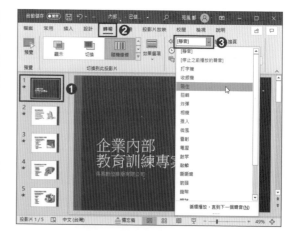

❹ 由此設定音效的時間長度

❺ 按此鈕預覽效果

除了套用 PowerPoint 所提供的音效外，如果有其他的音效檔想要加入進來，可以透過以下的方式來處理。

❶ 點選投影片

❷ 按此鈕

❸ 下拉選擇「其他聲音」

❹ 選取要使用的聲音

❺ 按下「確定」鈕

接下來請自行設定其他投影片的音效與時間長度。

5 **預存投影片換片時間**：當我們為
投影片加入換片效果後，通常在
播放時都是按下滑鼠才會進行換
片，假如在無人的播放室中，想
讓簡報可以自行換片，那麼也可
以自行設定每隔多久的時間就自
行換片。

❶ 點選投影片

❷ 取消「滑鼠按下時」的選項

❸ 勾選此項，並設定投影片停留的
時間

❹ 同上方式完成其他投影片的時間
設定

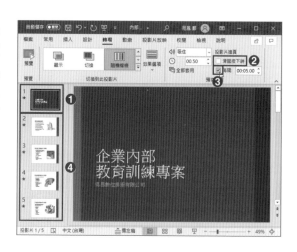

6 **儲存成 PowerPoint 播放檔**：要
讓簡報檔能在沒有簡報軟體的情
況下可以播放，可以考慮將檔案
儲存成 *.ppsx 檔的格式。此處我
們利用「另存新檔」的指令來將
檔案儲存為播放檔的格式。

❶ 由「檔案」標籤選擇「另存新檔」
指令

❷ 下拉選擇「PowerPoint 播放檔」
的格式

❸ 輸入檔案名稱

❹ 按此鈕儲存檔案

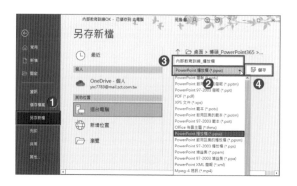

儲存完畢後，各位會看到如下的
檔案圖示，按滑鼠兩下就會自動
進行簡報的播放直到結束。

2

研發生產篇

PowerPoint

單元 >>>>>> ⊙ 範例光碟：11公司產品簡介\公司產品簡介.pptx

11 公司產品簡介

要加快簡報編輯的速度，當然就是要善用現成的簡報範本與佈景主題，然而又想擁有公司的特色，那麼可以考慮在現成的投影片母片當中，加入與公司相關的物件。在此範例中，我們將告訴各位如何在簡報或母片當中插入常用的圖案，像是幾何圖形、圖説文字或星星彩帶…等。另外會告訴各位如何自訂投影片順序，以便在同一簡報檔中保留多種放映內容，讓各位成為最 Smart 的簡報專家。

【範例成果】

【學習重點】變更投影片母片、插入基本圖案、插入圖説文字、插入星星及彩帶、自訂投影片放映順序。

範例步驟

首先請於範例檔中所提供的「簡
報範本.potx」按滑鼠兩下，使開
啟空白的簡報檔。

❶ 於此圖示按滑鼠兩下

❷ 瞧！開啟的空白簡報已包含了美
美的佈景主題

接下來請自行另存檔案，將簡報命名為「公司產品簡介.pptx」。

1 **變更投影片母片**：首先我們要進
入投影片母片之中，以便插入與
公司相關的插圖。

❶ 切換到「檢視」標籤

❷ 按下「投影片母片」鈕，使進入
投影片母片編輯狀態

❸ 點選標題母片

❹ 由「插入」標籤按下「圖片」鈕，
選擇「此裝置」指令

❺ 加入「電腦 .png」的插圖於此處

❻ 切換到投影片母片

❼ 按下「圖片」鈕,選擇「此裝置」
指令

❽ 插入「girl.png」插圖於此處

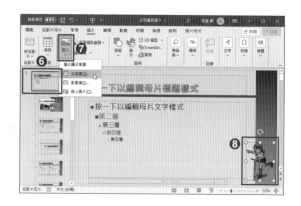

在投影片母片插入圖案的好處是,每張新增加的投影片都看得到,而且可以保證插
圖出現的位置或大小都一樣喔!

2 **插入基本圖案:**「插入」標籤的
「圖案」鈕中,提供各種的基本
圖案可供使用者使用,此處我們
將選用橢圓造型,再透過「圖案
效果」來做出橢圓的陰影造型。

❶ 點選投影片母片

❷ 由「插入」標籤按下「圖案」鈕

❸ 選擇「橢圓」造型

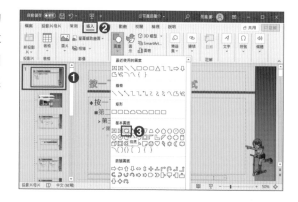

❹ 畫出如圖的橢圓形,並按右鍵將
圖形移到下層

❺ 由「圖形格式」標籤按下「圖案
外框」鈕

❻ 設定為「無外框」

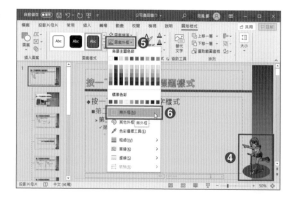

❼ 由「圖案效果」下拉

❽ 點選此柔邊效果

❾ 顯示完成的陰影效果

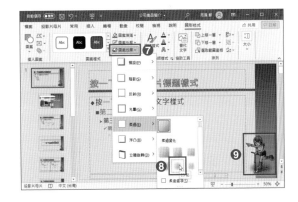

3　**插入圖說文字**：簡報中如需加入圖說文字，在「圖案」功能中也有提供，當加入圖案後，按右鍵執行「編輯文字」指令就可以加入文字內容。

❶ 按下「圖案」鈕

❷ 選取此圖說文字的造型

❸ 繪製此圖說造型的大小

❹ 套用此圖案樣式

❺ 按右鍵執行「編輯文字」指令

❻ 輸入文字內容

❼ 編輯完成，按此鈕離開母片編輯
　狀態

接下來，請將所提供的「書籍資
訊 .txt」中的文字，依序貼入到
新增的投影片中，同時將版面設
定為「兩項物件」，而左側插入圖
片，使完成圖文的編排如下：

4 **插入星星及彩帶**：前面插入的圖
案是放置在投影片母片當中，所
以新增的每張投影片就會自動包
含女孩、陰影與圖說文字。如果
只是單一投影片要插入圖案，那
麼就直接在該張投影片中加入即
可。此處我們要在第二張投影片
中加入爆炸狀的造型，因此可選
用「圖案」鈕中的「星星及彩
帶」的類別。

❶ 點選第二張投影片

❷ 由「插入」標籤按下「圖案」鈕

❸ 選擇「爆炸 1」的造型

❹ 在此拖曳出爆炸圖案

❺ 套用此圖案樣式

❻ 按右鍵執行「編輯文字」指令

❼ 將文字內容貼入至圖案當中，使顯現如右圖

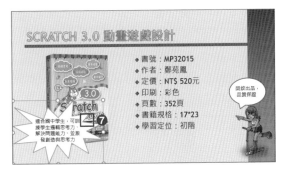

5 **自訂投影片放映順序**：剛剛已經把公司所有的產品都列入簡報中，不過有時因為簡報時間的關係，無法從頭到尾做說明，這時候可以考慮從中挑出若干個重點投影片來做說明。要自訂投影片的內容，可透過「投影片放映」標籤來設定。

❶ 切換到「投影片放映」標籤

❷ 按下「自訂投影片放映」鈕，並下拉點選「自訂放映」

❸ 按下「新增」鈕

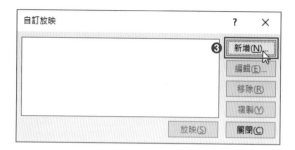

❹ 輸入放映的名稱

❺ 勾選要插入的投影片

❻ 按下「新增」鈕

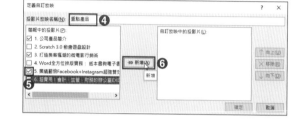

❼ 瞧!選取的投影片已顯示於此

❽ 按下「確定」鈕離開

❾ 按下「放映」鈕即可放映選取的
　投影片內容

按「移除」鈕可取消自訂放映

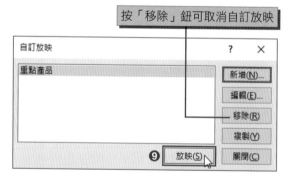

設定完成後,下回若要放映該重
點產品。只要由「自訂投影片放
映」按鈕下拉,即可看到自訂的
選項,如右圖所示:

單元 >>>>>>>
12

🔘 範例光碟：12新產品發表會\新產品發表會OK.pptx

新產品發表會

當新產品上市時，通常都會透過一些活動的舉辦來刺激買氣，除了增加知名度外，還可以增加產品的銷售量。本章範例將以此為例，並著重在視訊影片的運用技巧做說明，同時學會頁首頁尾資訊的使用，讓各位做出不同凡響的活動簡報。

【範例成果】

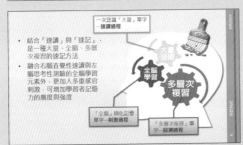

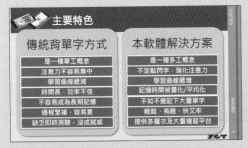

【學習重點】簡報內插入視訊影片、設定視訊選項、全螢幕播放視訊影片、剪輯影片、設定頁首頁尾格式、插入頁首頁尾資訊、列印講義。

範例步驟

1 **簡報內插入視訊影片**：首先請於範例檔中所提供的「新產品發表會.pptx」按滑鼠兩下，我們將在標題投影片的左上方插入已製作完成的視訊影片。

❶ 開啟簡報檔「新產品發表會.pptx」

❷ 刪掉此區塊的插圖

❸ 切換到「插入」標籤

❹ 按下「視訊」鈕

❺ 下拉選擇「這個裝置」指令

❻ 選取影片檔的圖示

❼ 按下「插入」鈕

❽ 瞧！影片已插入，將它縮放成如
　圖的大小比例

❾ 按下此播放按鈕即可立即觀看影
　片內容

❷ **設定視訊選項：**簡報中的影片，
通常在播放時是不會自動播放視
訊內容，必須等簡報者在影片上
按一下它才會開始播放，再按一
下才會暫停播放。如果各位希望
投影片一進入時就開始播放影片
內容，而且可以自動循環播放直
到停止，那麼可以透過「播放」
標籤的「視訊選項」做設定。

❶ 點選視訊影片

❷ 切換到「播放」標籤

❸ 由此下拉選擇「自動」

❹ 勾選此項，使循環播放

❺ 按此鈕放映簡報

❻ 瞧！影片自動播放了

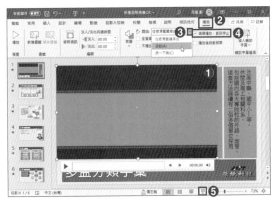

若要切換到下一張投影片，在影
片以外的區域按下左鍵就可以了

3 **全螢幕播放視訊影片**：如果各位希望簡報在播放時，影片可以全螢幕的方式呈現，那麼可以在「播放」標籤中勾選「全螢幕播放」的選項。設定方式與使用技巧如下：

❶ 由「播放」標籤中勾選「全螢幕播放」

❷ 按此按鈕進行投影片放映

❸ 瞧！自動以全螢幕播放影片

❹ 按此鈕則可切換到下一張投影片

4 **剪輯影片**：假如插入進來的視訊影片過長，想要從中擷取一段來播放，各位不必耗費心力去下載 / 安裝其他的視訊剪輯軟體，因為利用 PowerPoint 的「剪輯視訊」功能就可辦到。

❶ 點選視訊影片

❷ 由「播放」標籤按下「剪輯視訊」鈕

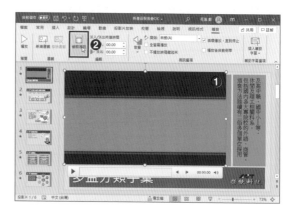

❸ 利用此標記符號，設定要保留的
區域範圍

❹ 設定完成按「確定」鈕離開

設定完成後，當投影片放映時，就可以看到影片只播放我們選取的部分。

5　**設定頁首頁尾格式：**通常空白簡
報在預設狀態，都會設定標題、
文字、日期、投影片編號、頁尾
等五個版面配置區塊，而其中的
「日期」、「投影片編號」、「頁
尾」三項，便是一般所指的頁首
頁尾資訊。由「檢視」標籤按下
「投影片母片」鈕，即可看到這
五個的配置區塊。

❶ 進入投影片母片編輯模式

❷ 點選投影片母片

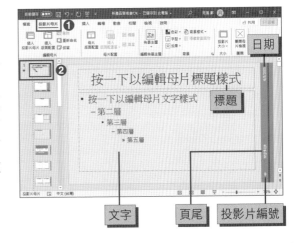

萬一這幾個配置區塊有被刪除，只要在「投影片母片」標籤中按下「母片版面配置」鈕，就會顯示如右的視窗讓各位再度勾選。

6 **插入頁首頁尾資訊**：當各位在投影片的母片中設定好日期、投影片編號、頁尾等位置、字型與色彩後，就可以透過「插入」標籤的「頁首及頁尾」鈕來插入頁首頁尾資訊。

❶ 切換到「插入」標籤

❷ 按下「頁首及頁尾」鈕

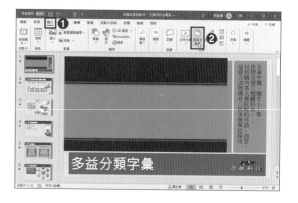

❸ 勾選「日期及時間」選項

❹ 點選自動更新

❺ 勾選此項使顯現投影片編號

❻ 勾選「頁尾」，並設定要顯示的資訊

❼ 勾選此項，則標題投影片不會顯示頁首頁尾資訊

❽ 按此鈕使套用到整個簡報中

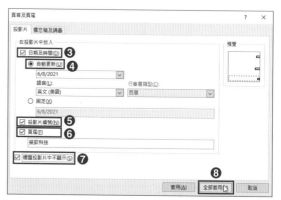

❾ 瞧！從第二張投影片開始就會看到日期、頁尾、頁碼等資訊

7 **列印講義**：完成的簡報內容，若能做成講義的形態，先行發給所有參加活動的來賓，即能讓聽眾於進入活動前，預先對整個活動狀況有個大概的了解。要列印成講義，可透過「檔案」標籤的「列印」功能來處理。

❶ 由「檔案」標籤中選擇「列印」功能

❷ 選擇印表機

❸ 下拉設定列印所有投影片

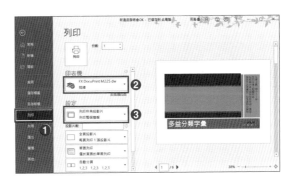

❹ 按此鈕

❺ 選擇講義呈現的方式

❻ 勾選此二項，使投影片加框，並配合紙張調整大小

❼ 設定列印份數

❽ 按下「列印」鈕開始列印文件

單元 >>>>>> 範例光碟：13研發人員經歷簡介\研發人員經歷簡介.pptx

13 研發人員經歷簡介

這個範例主要是透過人物相片連結到個人的相關資料，讓簡報者可以隨心所欲的往返與切換。另外會介紹一些輔助工具或功能的使用，像是尺規、輔助線、對齊、均分、預設文字方塊等技巧，讓各位輕鬆做好版面的編排與配置。

【範例成果】

【學習重點】圖片對齊與均分、設定為預設文字方塊、尺規／輔助線、圖片超連結設定、連結電子郵件。

範例步驟

首先請於範例檔中所提供的「簡報範本.potx」按滑鼠兩下，使顯現包含佈景主題的空白簡報，而相關文字內容可參閱「文字文件.txt」：

開啟空白簡報後，請自行儲存檔案為「研發人員經歷簡介.pptx」，並輸入或貼入標題與副標題文字

1 **圖片對齊與均分**：請新增投影片，將版面配置設為「只有標題」，再把相關人物的圖片插入，我們要進行圖片的對齊與均分設定。

❶ 按「Enter」鍵新增投影片

❷ 由「常用」標籤按下「投影片版面配置」鈕

❸ 下拉選擇「只有標題」的版面配置

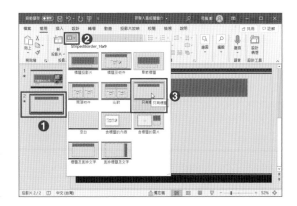

❹ 由「插入」標籤按下「圖片」鈕，
　選擇「此裝置」

❺ 點選要插入的人物相片
❻ 按下「插入」鈕

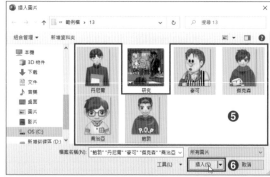

❼ 由此統一圖片的寬度為「6」公分

❽ 概略編排圖片的位置
❾ 由「圖片格式」標籤按下「對齊
　物件」鈕
❿ 選擇「靠下對齊」，使下緣對齊

⓫ 按下「對齊物件」鈕，並選擇「水平均分」指令，使圖片之間的距離相同

⓬ 完成圖片對齊下緣，並且水平均分
⓭ 輸入標題文字

2　**設定為預設文字方塊：**在人物圖片的下方，我們將利用文字方塊的功能加入人名以利辨識。而在設定完一個文字方塊的圖案樣式後，我們可以把圖案設定為預設文字方塊，如此一來新加入的文字方塊就會擁有先前設定的圖案效果。

❶ 點選第二張投影片
❷ 切換到「插入」標籤
❸ 按下「文字方塊」鈕，下拉選擇「繪製水平文字方塊」

❹ 於此處按下左鍵，並輸入人名

❺ 由「圖形格式」標籤套用此圖案
樣式

❻ 在文字方塊上按右鍵，執行「設
定為預設文字方塊」指令

❼ 依序選擇「繪製水平文字方塊」

❽ 按一下左鍵輸入文字，就可以擁
有剛剛設定的黑底白字效果

❾ 選取已加入的五個文字方塊

❿ 按此鈕，並下拉設定對齊與均分

3 **尺規／輔助線：** 研究人員的相片都加入至第二張投影片後，接下來新增的五張投影片則是每一個研究人員的個人資料。我們將選用「含標題的內容」的版面配置，並透過尺規與輔助線的幫忙，以便統一人名的放置的位置。

❶ 按「Enter」鍵新增投影片

❷ 由「常用」標籤按下「版面配置」鈕

❸ 選此版面配置

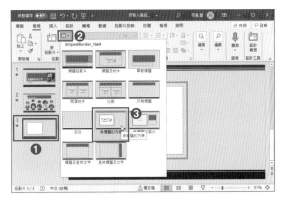

❹ 將文字內容貼入，並設定階層

❺ 由「檢視」標籤中勾選「尺規」與「輔助線」的選項

❻ 拖曳輔助線的位置，以便決定人名放置的位置

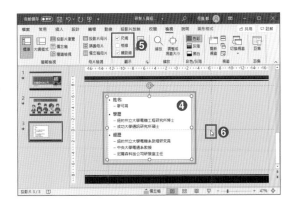

❼ 複製與貼入第二張投影片中的人物相片與文字方塊，放大相片尺寸，並放置在如圖的位置

❽ 將相片套用此圖片樣式

❾ 同上方式完成其他四個研究員的頁面編排

④ **圖片超連結設定**：在第二張投影片中，我們希望按下相片時，可以馬上看到該研究人員的相關資料，此處可透過「插入」標籤的「超連結」鈕來做設定。

❶ 依序點選圖片

❷ 由「插入」標籤按下「超連結」鈕，並下拉選擇「插入連結」指令

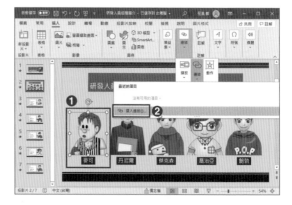

❸ 點選「這份文件中的位置」

❹ 點選對應的投影片

❺ 按下「確定」鈕

同上方式完成其他研發人員的圖片連結，如此一來在放映簡報時，即可快速連結並看到研發人員的資料。

❶ 簡報放映中點選人物圖片

❷ 瞧！馬上看到該成員的資料

由於來到研究人員的頁面中，卻無法回第二張投影片中繼續選擇，因此我們必須在各個研究人員的頁面加入一個可以「回選單」的超連結圖案。此處我們將設置在投影片的母片當中，如此一來只要增設一個，其他頁面就會自動套用。

❶ 由「檢視」標籤按下「投影片母片」鈕，使進入母片編輯狀態

❷ 選取此版面配置

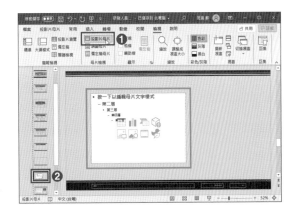

❸ 由「插入」標籤按下「圖案」鈕，
拖曳出此圖案後，輸入「回選單」
的文字

❹ 由「插入」標籤按下「連結」鈕，
選擇「連結」指令

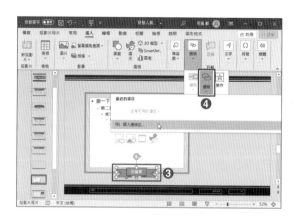

❺ 設定連結到第二張投影片

❻ 按下「確定」鈕

❼ 離開母片編輯狀態，即可看到研
究人員的頁面中都已加入「回選
單」的圖案連結了

5 **連結電子郵件**：在簡報中也可以
將電子郵件的資訊，透過連結功
能連結到郵件程式，如此一來想
要與對方連繫資訊就變得很方便。

❶ 以「繪製水平文字方塊」功能插
入如圖的電子郵件資料，然後旋
轉角度如圖

❷ 點選「插入連結」指令

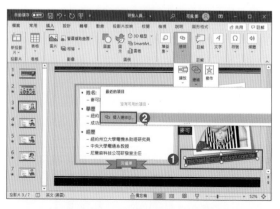

❸ 點選「電子郵件地址」

❹ 選取此部分的文字

❺ 複製並貼入此欄位中

❻ 按「確定」鈕離開

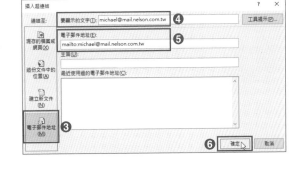

設定完成後，簡報進行中若按下該電子郵件地址，即可啟動電子郵件的程式。

❶ 按下電子郵件信箱

❷ 瞧！自動開啟電子郵件的程式

💿 範例光碟：14研發進度報告\研發進度報告.pptx

單元 >>>>>>

14 研發進度報告

這個範例主要著重在向量圖案的使用與編修技巧，以及線上視訊的應用，另外簡報所需的講義製作也一次到位，讓各位的簡報技巧更上一層樓。

【範例成果】

【學習重點】連結外部網頁視訊、插入線上視訊 -YouTube 視訊、插入美工圖案、美工圖案的重新著色與組合、使用 Microsoft Word 建立講義。

範例步驟

首先請於範例檔中所提供的「簡報範本.potx」按滑鼠兩下，使開啟已包含佈景主題的空白簡報檔，輸入主/副標題後，將檔案儲存為「研發進度報告.pptx」。

❶ 開啟空白簡報檔後輸入標題

❷ 輸入副標題文字

❸ 將檔案儲存為「研發進度報告.pptx」

簡報的相關文字已存放在「文字文件 .txt」中，各位可自行將文字複製 / 貼入至簡報中。

1　連結外部網頁視訊：簡報中如果有需要透過網址連結到其他網站或線上視訊，只要選取連結的網址或文字，再利用「插入」標籤的「連結」鈕就可以辦到。

❶ 新增第二張投影片

❷ 將文字內容貼入後，並做縮排設定

❸ 選取網址資訊

❹ 由「插入」標籤的「連結」鈕下拉「插入連結」

❺ 點選此鈕

❻ 將上方的網址貼入此欄位中

❼ 按下「確定」鈕離開

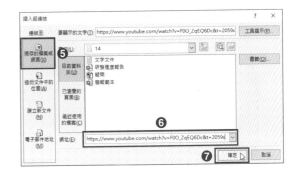

❽ 瞧！網址下方已顯現超連結效果的下底線

透過上面的方式完成超連結設定後，當簡報放映時按下該超連結，即可連結到該網站。

❶ 簡報進行中按下此連結的網址

❷ 連結至網頁並播放該影片內容

2 **插入線上視訊 -YouTube 視訊：**
如果各位希望將網站上的視訊畫面直接插入到簡報中，那麼可以透過「插入」標籤「視訊」鈕中的「線上視訊」功能來插入。

❶ 新增第三張投影片

❷ 下拉執行「線上視訊」指令

❸ 輸入影片網址

❹ 按下「插入」鈕

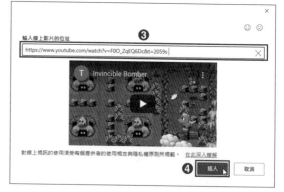

❺ 拖曳四角使調整影片尺寸

設定完後，當簡報放映時，只要按下畫面中間的播放鈕，即可開始播放視訊。若要暫時停止播放，只要從下方的控制列按下「停止」鈕即可暫停播放。

❶ 按下紅色播放鈕會播放視訊

❷ 滑鼠移到下方會出現控制列，按此鈕可暫停播放

3 **插入美工圖案**：使用「圖片」鈕插入插圖時，除了各位所熟悉的 jpg、png、bmp 等點陣圖格式外，也可以插入向量式的美工圖案，像是 emf、wmf、ai 等格式皆屬之，此處我們以 emf 格式的向量圖形做示範說明。

❶ 新增第四張投影片

❷ 將相關文字貼入簡報中

❸ 切換到「插入」標籤

❹ 按下「圖片」鈕，選擇「此裝置」指令

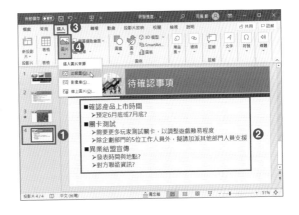

❺ 選取向量插圖
❻ 按下「插入」鈕

❼ 顯示插入的美工圖案

4 **美工圖案的重新著色與組合：**使用向量式插圖的好處是，圖形可以拆解也可以變更色彩，如此一來可以讓插圖更符合您要的效果。

↘ **拆解美工圖案**

❶ 在美工圖案上按右鍵

❷ 執行「組成群組 / 取消群組」指令

❸ 按下「是」鈕，將圖片轉換成繪圖物件

❹ 再按一次右鍵，執行「取消群組」指令

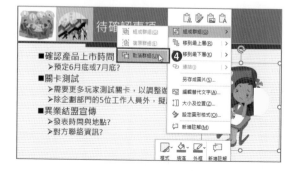

❺ 瞧！已經變成個別的繪圖物件了

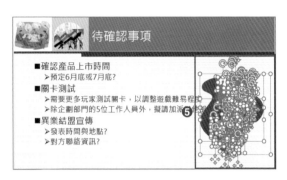

↘ 重新著色與組合

美工圖案變成個別的繪圖物件
後，就可以個別的點選然後變更
色彩，也可以將多餘的繪圖物件
加以刪除。

❶ 點選問號圖形

❷ 切換到「圖形格式」標籤

❸ 由此下拉，將填滿顏色設為紅色

❹ 依序點選背景的藍色，按「Delete」
鍵將其刪除

❺ 以拖曳方式全選所有圖形，按右鍵
執行「組成群組／組成群組」指令

❻ 群組之後，可再加入陰影效果，
使增加立體感

5 **使用 Microsoft Word 建立講義：**

為了方便在報告研發進度時參與者可以摘記要點，各位可以考慮將簡報匯出，並以 Word 程式建立講義，屆時可列印分發給所有與會人員。

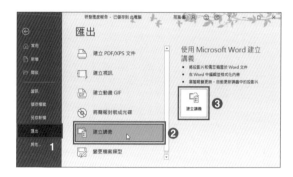

❶ 點選「檔案」標籤後，選擇「匯出」指令

❷ 選擇「建立講義」指令

❸ 按下「建立講義」鈕

❹ 選擇版面配置方式

❺ 按下「確定」鈕離開

❻ 瞧！自動開啟 Word 程式，並顯現講義內容

拖曳此處，可調整表格寬度，讓投影片縮圖完全顯現

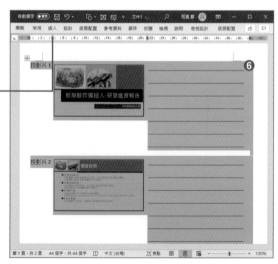

單元 >>>>> 15

🔘 範例光碟：15SOP品管作業流程\SOP品管作業流程.pptx

SOP 品管作業流程

這個範例主要介紹流程圖的製作技巧，包括如何插入流程圖案、如何在圖案中插入文字、如何設定文字或圖案的選項、以及連接線的設定方式等，讓各位也可以輕鬆繪製各種的流程圖。

【範例成果】

【學習重點】插入流程圖、圖案中插入文字、設定圖形格式(圖案選項/文字選項)、將圖案樣式設為預設值、連接線設定。

範例步驟

首先請於範例檔中所提供的「簡報範本.potx」按滑鼠兩下，使開啟已包含佈景主題的空白簡報檔，輸入主/副標題後，將檔案儲存為「SOP 品管作業流程.pptx」。

❶ 開啟空白簡報檔後輸入標題

❷ 輸入副標題文字

❸ 將檔案儲存為「SOP 品管作業流程.pptx」

1 **插入流程圖**：想要在簡報中插入流程圖案，事實上利用「插入」標籤的「圖案」功能就可辦到，因為裡面就提供了 28 種圖形可供各位選用。不過每種圖案都有它代表的意義，像是長方形表示「程序」、菱形表示「決策」、圓形表示「接點」、倒三角形表示「合併」、正三角形表示「抽選」…等，各位在選用圖形時，一定要根據作業流程的特性來選擇適合的圖案才行。

❶ 按下「Enter」鍵使新增第二張投影片，並將版面配置設為「只有標題」

❷ 輸入標題文字「品管作業流程圖」

❸ 按下「圖案」鈕

❹ 選此造型設定程序

❺ 至頁面上拖曳出如圖的長條矩形

2 **圖案中插入文字**：拖曳出圖案的大小後，按右鍵執行「編輯文字」指令，即可在圖案中輸入文字。

❶ 在圖案上按右鍵

❷ 執行「編輯文字」指令

❸ 輸入文字後，將文字選取

❹ 切換到「常用」標籤，由此設定
　字型與字體大小

3　**設定圖形格式（圖案選項 / 文字選項）**：在前面的章節中，我們已學過利用「圖形格式」標籤來套用圖案樣式，這裡要跟各位介紹利用「設定圖形格式」功能，來設定圖案選項與文字選項，讓流程圖案的色彩與文字更能符合您要的效果。

❶ 在流程圖案上按右鍵

❷ 執行「設定圖形格式」指令，使顯現右側的窗格

↘ **圖案選項設定 - 圖案填滿漸層**

❶ 切換到「圖案選項」

❷ 點選此鈕設定填滿與線條

❸ 點選「漸層填滿」

❹ 由此設定漸層的停駐點

❺ 由此下拉選擇停駐點的顏色

❻ 下拉可選擇漸層的類型

❼ 下拉選擇漸層的方向

↘ **圖案選項設定 - 陰影效果**

❶ 切換到「效果」鈕

❷ 選擇陰影顏色

❸ 由此設定陰影的相關屬性

也可以由此下拉選擇預設的陰影樣式

↘ **文字選項設定 - 文字填滿**

❶ 切換到「文字選項」

❷ 按此鈕設定文字的填滿與外框

❸ 選擇「實心填滿」

❹ 由此設定顏色

↘ 文字選項設定 - 文字方塊

❶ 按此鈕設定文字方塊

❷ 選擇文字垂直對齊的位置

❸ 勾選此項，讓圖案中的文字可以
自動換行

完成如上設定後，各位就會看到
如下的圖案效果。

4 **將圖案樣式設為預設值**：確定圖
案的樣式後，為了加速流程圖的
製作，可以按右鍵執行「設定為
預設圖案」指令，這樣新選用的
圖案就會擁有相同的樣式。至於
同造型的圖案，則可以透過複製 /
貼上功能，然後修改文字內容就
可以了。

❶ 點選圖形後，按「Ctrl」+「C」鍵
複製圖案

❷ 按「Ctrl」+「V」鍵使貼上圖案，
選取文字後即可修改文字內容

❸ 在圖案上按右鍵

❹ 執行「設定為預設圖案」指令

❺ 切換到「插入」標籤，按下「圖案」鈕

❻ 選擇決策的流程圖案

❼ 拖曳出菱形的圖案大小

❽ 按右鍵執行「編輯文字」指令，並輸入文字

❾ 同上方式，即可完成所有圖形的加入

在排列圖形時，PowerPoint 很聰明的會提供動態輔助線，方便各位做圖案的對齊。如圖示：

以滑鼠移動圖案時，圖案四周可看到一些輔助線條

5 **連接線設定**：流程圖當中少不了連接線或箭頭，以便了解流程的前後關聯性。各位一樣是透過「圖案」鈕來加入箭頭或肘形箭頭接點。當線條設定好粗細與樣式後，一樣可透過右鍵執行「設定為預設線條」，如此就可快速完成連接線的設定。

❶ 由「插入」標籤按下「圖案」鈕
❷ 選擇「肘形箭頭接點」

❸ 畫出連接的位置
❹ 按下「圖案外框」鈕
❺ 設定線條的顏色
❻ 由此設定線條的寬度

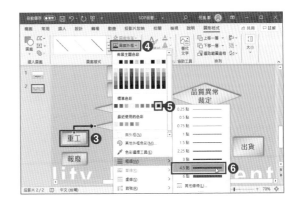

❼ 按右鍵執行「設定為預設線條」

❽ 同上方式完成所有連接線的加入
❾ 最後加入「拒絕」與「通過」的
箭頭圖案，完成流程圖的製作

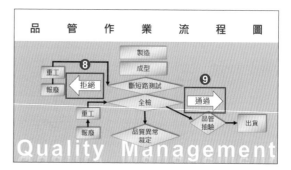

在為圖案加入連接線時，連接線
要盡可能要對準圖案四周的控制
點，如此在事後移動圖案時，連
接線也會跟著做調整喔！如圖
示：

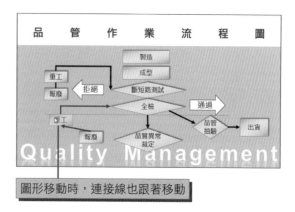

單元 >>>>>>>

🔘 範例光碟：16公共安全講習\公共安全講習.pptx

16 公共安全講習

想將螢幕上操作的過程錄製下來並放置在簡報中，以往這樣的影片效果都必須透過
會聲會影之類的視訊軟體，或其他螢幕錄製程式才能辦到，現在 PowerPoint 簡報
軟體就擁有這樣的功能。

這個範例主要介紹螢幕錄製的技巧，同時著重在簡報放映中的操作技巧，諸如：筆
跡的使用 / 標註、放映中放大投影片、顯示簡報者檢視畫面等，讓各位成為名符其
實的簡報大師。

【範例成果】

【學習重點】螢幕錄製、視訊格式與播放設定、使用筆跡編輯投影片、隱藏筆跡標
註、放映中放大投影片、顯示簡報者檢視畫面。

範例步驟

首先請於範例檔中所提供的「簡
報範本.potx」按滑鼠兩下，使
開啟已包含佈景主題的空白簡報
檔，接著將檔案儲存為「公共安
全講習.pptx」，再透過「從大綱
插入投影片」功能將文字檔插入。

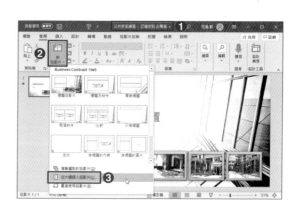

❶ 開啟空白簡報檔後，先將檔案儲
　 存為「公共安全講習.pptx」
❷ 由「常用」標籤按下「新投影片」
　 鈕
❸ 選擇「從大綱插入投影片」指令

❹ 點選提供的文字檔
❺ 按下「插入」鈕

❻ 刪掉第一張投影片，再將此張投
　 影片的版面配置設為「標題投影
　 片」，使顯現如圖的四張投影片

1 **螢幕錄製：**在第四張投影片裡，我們將錄製一段影片，把全國建管系統 e-learning 網站上「新系統完整版」的下載步驟錄製下來，以方便觀看簡報者了解檔案下載方式。

❶ 切換到第四張投影片

❷ 由此選取並複製網址

❸ 開啟瀏覽器，貼入網址使顯現該網站

❹ 回到簡報中，由「插入」標籤按下「螢幕錄製」鈕

❺ 按下面板上的「選取區域」鈕

❻ 拖曳出紅色虛線區域，使確定錄製的視窗範圍

❼ 按下「錄製」鈕準備開始錄製螢幕畫面

❽ 點選「程式下載」

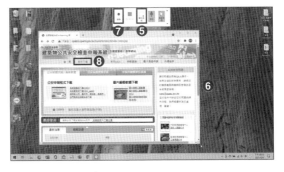

❾ 按下「載點」使開始下載檔案

❿ 操作步驟錄製完成後，按此鈕停止錄製

⓫ 回到投影片，即可看到剛剛錄製
的視訊畫面

⓬ 按此鈕可播放影片

2 **視訊格式與播放設定**：螢幕錄製
完成的視訊畫面，我們可以透過
「視訊格式」標籤裡的「視訊樣
式」，讓畫面更立體或鮮明，另外
還可以透過「播放」標籤做進一
步的選項設定。

由此進行樣式的選取

設定是否自動播放

3 **使用筆跡編輯投影片**：簡報放映
的過程中，我們可以在投影片上
加入雷射筆、畫筆、螢光筆的筆
觸，還可以設定筆刷的顏色。以
這樣的方式來標示重點，讓簡報
更平易近人。

❶ 點選第一張投影片

❷ 按此鈕放映簡報

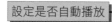

❸ 放映到需要加入筆觸的投影片時
請按下此鈕

❹ 於快顯功能表中選擇「螢光筆」

⑤ 在重點處拖曳滑鼠，即可產生黃
色的筆觸

⑥ 標記完成後再按下此鈕，並取消筆
刷的點選，就會恢復滑鼠的形狀

⑦ 簡報放映結束前，會出現此對話
方塊，若要保留標註的筆跡，請
按下「保留」鈕

⑧ 瞧！前面標註的線條已經保留在
投影片中

4 **隱藏筆跡標註**：把加入的筆跡標
註儲存後，如果下次放映時不希
望顯示這些筆跡標註，可以在放
映時做以下的設定。

❶ 簡報放映中按下此鈕

❷ 選擇「螢幕 / 隱藏筆跡標註」指令

❸ 筆跡標註不見了

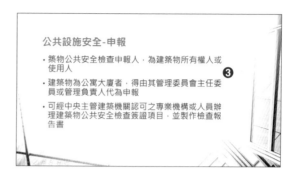

下回若要再次顯現筆跡標註，再次執行「螢幕／顯示筆跡標註」指令就可以了。

5 **放映中放大投影片：**簡報放映過程中，針對圖片看不清楚的地方，也可以透過放大鏡的功能來放大局部區域。畫面放大後，按住滑鼠拖曳可以觀看顯示區以外的地方，若要回復原比例，則可按下滑鼠右鍵。

❶ 簡報放映中請按下此鈕

❷ 移動此白色區塊到想要放大的地方

❸ 瞧！整個螢幕顯示區塊，按住滑鼠左鍵不放可平移畫面

6 **顯示簡報者檢視畫面**：在進行簡
　報放映時，PowerPoint 還能貼心
　地為演講者顯示簡報者檢視的畫
　面喔！請在簡報放映中按下 ⊙
　鈕，再選擇「顯示簡報者檢視畫
　面」指令，就可以同時看到目前
　的投影片、下一張投影片，以及
　備忘稿的文字。

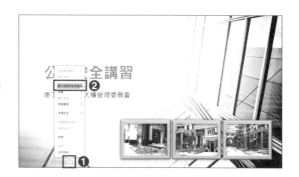

❶ 簡報放映中按下此鈕

❷ 下拉選擇「顯示簡報者檢視畫面」

❸ 瞧！同時顯現目前的投影片、下
　一張投影片，以及備忘稿的區塊

NOTES

3

財務管理篇

PowerPoint

單元 >>>>>>>
17 年度預算報告

每家公司在年初或年尾時，都會針對公司的支出或營收做估算，以便有效掌控公司的財務。這裡是以休閒渡假中心的人員薪資與行政預算作為範例，將每一季的各項支出列出，並以圖表的方式呈現，使複雜的數字變得簡單明瞭。

【範例成果】

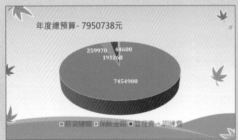

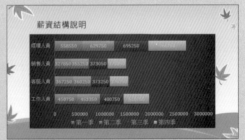

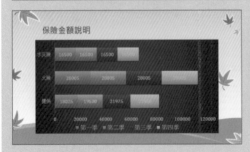

【學習重點】複製 / 貼上 Excel 物件、插入圓形圖表、設定圖表顯示項目、編輯圖表文字、插入橫條圖表、圖表設計。

範例步驟

首先請於範例檔中所提供的「福興休閒渡假中心.pptx」按滑鼠兩下，以便繼續簡報的進行。

1 **複製 / 貼上 Excel 物件**：在財務方面管理，通常都是透過辦公軟體 Excel 來管理計算，所以各位拿到的資料也多是 Excel 檔案。要將 Excel 資料插入到簡報中，最簡單的方式就是透過「複製」與「貼上」來處理，在貼入時各位還可以依照需求選擇貼入的方式。

❶ 開啟 Excel 文件，先選取要複製的區域範圍

❷ 按右鍵執行「複製」指令

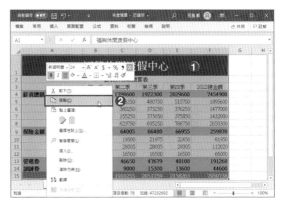

❸ 新增第二張投影片

❹ 輸入標題文字

❺ 將下方的文字方塊按「Delete」鍵刪除

❻ 在投影片上按右鍵，出現「貼上選項」時，依照需求選擇想要貼入的方式。在此筆者選用「內嵌」方式

❼ 由物件邊緣的 8 個控制點，即可調整物件的比例大小

針對 Excel 文件，PowerPoint 提供的「貼上選項」有五種，要使用目的樣式、保留來源格式樣式、內嵌、圖片、只保留文字，都可任君選擇。

2 **插入圓形圖表**：單單觀看 Excel 的工作表，實在很難讓一般觀眾了解概況。所以利用圓形圖表來說明各項支出概況比例是不錯的選擇。

❶ 新增第三張投影片

❷ 輸入標題文字

❸ 按此鈕插入圖表

④ 點選「圓形圖」的類別

⑤ 選此立體樣式

⑥ 按下「確定」鈕

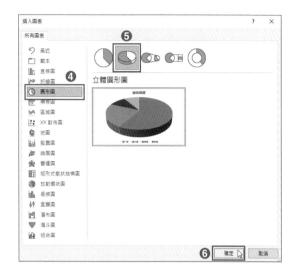

⑦ 出現工作表時，請依照 Excel 工作表的內容，完成如圖的各項支出的輸入

⑧ 輸入完成按此鈕關閉視窗

⑨ 顯示初步的圓形圖表

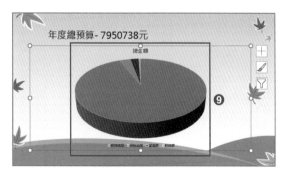

3 **設定圖表顯示項目**：一般圖表都會包含圖表標題、資料標籤、圖例等基本要件，要讓哪些要件出現或隱藏，各位可以透過圖表右上角的 ╋ 鈕來控制。

❶ 點選圖表後，按此鈕

❷ 取消「圖表標題」的選項，使上方的「總金額」不顯現

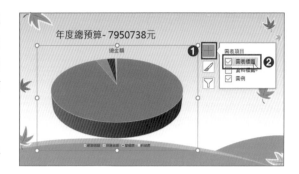

❸ 按此鈕

❹ 勾選「資料標籤」，並設定為「置中」

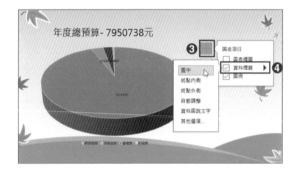

❺ 放大投影片，將此三項的數值略為分開，避免擠在一塊

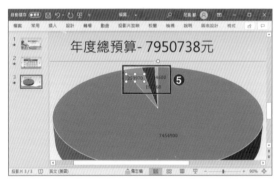

4 **編輯圖表文字**：各位可能發現，圖例與資料標籤的文字很小看不清楚，其實各位只要利用「常用」標籤的「字型」群組就可做調整。

❶ 點選圖例的文字方塊

❷ 切換到「常用」標籤，由此下拉選擇適合的字體尺寸

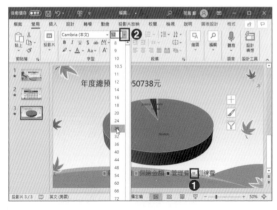

❸ 點選資料標籤

❹ 下拉設定字體大小

❺ 變更文字顏色，並設定為粗體

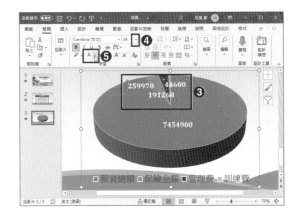

5 **插入橫條圖表：**剛剛我們利用圓形圖來呈現各項支出的比例，這裡則要利用橫條圖來說明薪資結構。

❶ 新增第四張投影片

❷ 按此鈕插入圖表

❸ 選擇「橫條圖」

❹ 選此樣式

❺ 按下「確定」鈕

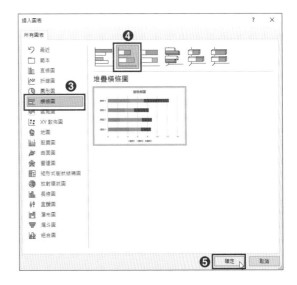

❻ 將資料與數值拷貝至工作表中

❼ 按此鈕關閉視窗

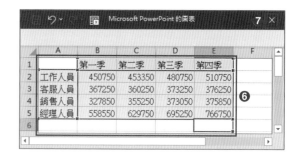

❽ 初步的長條圖已經顯現了

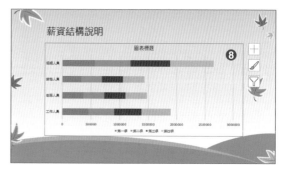

6　**圖表設計**：建立後的圖表，透過「設計」標籤可以設定圖表樣式，也可以快速更換版面配置。

❶ 點選圖表

❷ 切換到「圖表設計」標籤

❸ 下拉選此圖表樣式

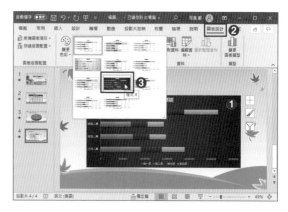

❹ 按下「快速版面配置」鈕

❺ 選此版面配置

❻ 最後切換到「常用」標籤，依序點
　選文字方塊，由此變更文字大小
❼ 顯現完成的畫面效果

完成「薪資結構說明」的投影片
後，由於「保險金額說明」的圖
表與其雷同，所以複製該投影片
後，再利用「編輯資料」功能來
修改資料，這樣也可以節省圖表
設計的時間。

❶ 拷貝第四張投影片，使複製成第
　五張投影片
❷ 變更標題文字
❸ 由「圖表設計」標籤按下「編輯
　資料」鈕

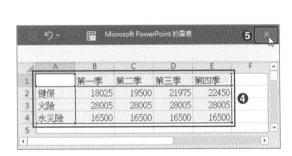

❹ 變更資料如圖
❺ 按此鈕離開

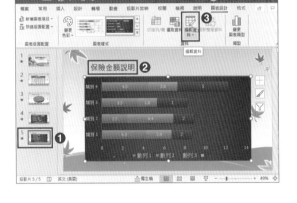

❻ 快速完成第五張投影片的設定

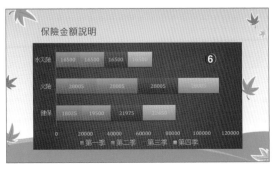

單元 >>>>>>>

18

🔘 範例光碟：**18營運狀況簡報\營運狀況簡報.pptx**

營運狀況簡報

這個簡報範例是以公司行號的營運狀況為主題，學習如何在簡報中插入階層圖、刪除 / 新增圖案，以及變更階層圖版面配置的方式。除此之外，各位還會學到如何設定簡報的摘要資訊，以及如何將投影片儲存成圖片。

【範例成果】

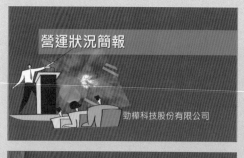

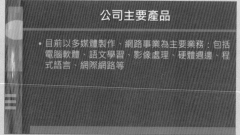

【學習重點】由 SmartArt 圖形插入階層圖、刪除 / 新增圖案、變更版面配置、設定摘要資訊、將投影片儲存成圖片。

範例步驟

首先請於範例檔中所提供的「簡
報範本.potx」按滑鼠兩下,使開
啟包含佈景主題的空白簡報,將檔
案命名為「營運狀況簡報.pptx」。
同時透過「從大綱插入投影片」
功能,將所提供的「文字文件
.txt」插入到簡報檔中,完成如下
的投影片編排。

❶ 由「檔案」標籤執行「另存新檔」
　指令,將檔案命名為「營運狀況
　簡報.pptx」

❷ 切換到「常用」標籤,按下「新
　投影片」鈕

❸ 下拉選擇「從大綱插入投影片」
　指令

❹ 點選文字檔

❺ 按下「插入」鈕

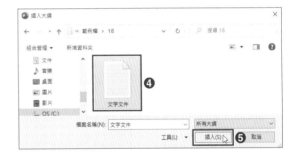

❻ 刪除第一張與最後一張多餘的投
　影片後,將第一張投影片的版面
　變更為「標題投影片」,即可顯現
　如圖的編排順序

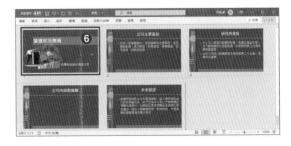

1 **由 SmartArt 圖形插入階層圖：**
完成上述的基本工作後，現在我
們要在第四張投影片中插入一張
公司內部的組織圖。

❶ 點選第四張投影片

❷ 按此鈕，將版面配置變更為「標
　題及物件」

❸ 由版面配置中按下「插入 SmartArt
　圖形」鈕

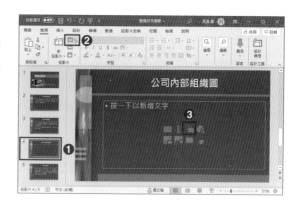

❹ 選擇「階層圖」類型

❺ 選此樣式

❻ 按此鈕確定

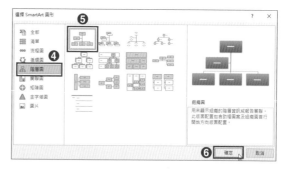

❼ 編輯區內已插入組織圖

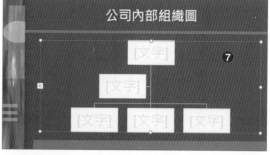

插入的組織圖顏色似乎太過刺眼
了點，現在我們先透過「SmartArt
設計」標籤來為 SmartArt 的樣式
與色彩作變更，以符合我們的需
求。

❶ 點選整個組織圖

❷ 切換到「SmartArt 設計」標籤，
　按下「變更色彩」鈕

❸ 選此色彩效果

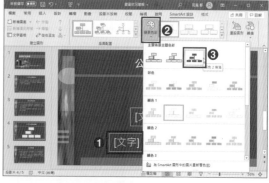

❹ 套用此樣式

❺ 顯示套用的結果

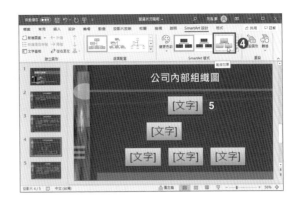

2 　**刪除 / 新增圖案**：有了基本型的
組織階層圖，接下來就是透過
「SmartArt 設計」標籤的「新
增圖案」鈕來新增後方 / 前方 /
上方 / 下方的圖案，如果有多
餘的圖案要刪除，也只要按下
「Delete」鍵就可搞定。我們延
續前面的步驟繼續進行。

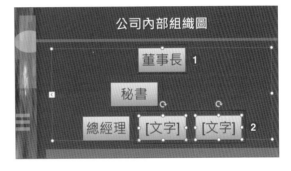

❶ 依圖示於此三個圖案方塊內輸入
職務名稱

❷ 分別點選這兩個圖案方塊，並按
下「Delete」鍵予以刪除

❸ 點選此圖案

❹ 由「SmartArt 設計」標籤按下「新
增圖案」鈕

❺ 選此項 3 次，使新增 3 個下方圖案

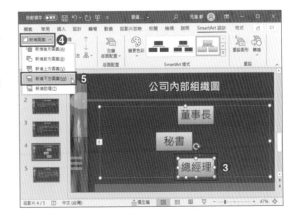

❻「總經理」下方已插入三個圖案方塊

❼ 分別於加入的圖案方塊上按右鍵，執行「編輯文字」指令

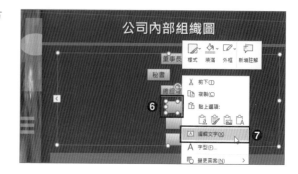

❽ 依序輸入圖案方塊的內容如圖

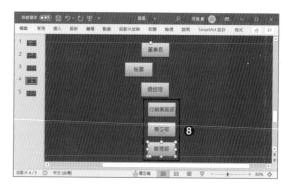

❾ 點選此圖案方塊

❿ 由此加入它的下一層圖案

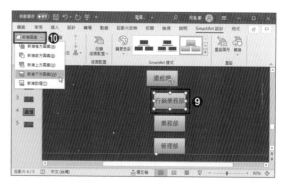

依上述製作層級組織的方法，完成如右組織圖：

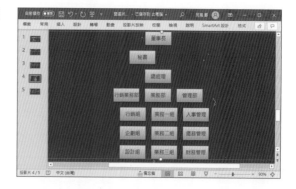

3 **變更版面配置**：如果不喜歡原來
的組織圖排列方式，各位不需重
頭開始製作，只要透過以下的方
式，就可以快速修改版面配置。

❶ 點選組織圖後，切換到「SmartArt
設計」標籤

❷ 由此下拉更改版面配置

❸ 瞧！輕鬆完成版面配置的更換

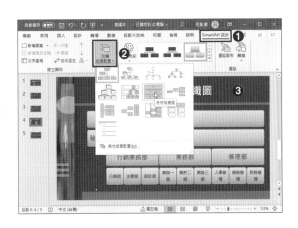

4 **設定摘要資訊**：在簡報存檔時，
事實上可以連同作者資訊、檔案
製作日期、檔案類型…等一併儲
存在檔案內，若要設定這些摘要
資訊，可透過「文件顯示面板」
來輸入。其設定方式如下：

❶ 按下「檔案」標籤後，切換到「資
訊」

❷ 按下「摘要資訊」鈕，並下拉「進
階摘要資訊」

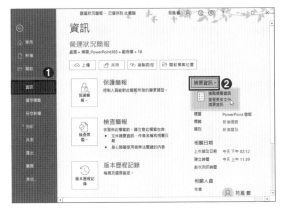

❸ 此處可視您的需要加以編輯，以
便管理個人檔案

❹ 按此鈕確定

設定完成並儲存檔案後，開啟檔案總管且切換至放置檔案的位置，將滑鼠移到檔案時，即會出現如圖的摘要資訊標籤。

5 **將投影片儲存成圖片**：完成的簡報內容，也可以輕鬆地將它們轉換成圖檔格式。只要利用「另存新檔」的指令，在選擇要轉存的檔案類型，就可以輕鬆指定投影片或整個簡報轉存成圖片。

❶ 點選「檔案」標籤後，由此點選「另存新檔」鈕

❷ 下拉選擇圖檔格式 -jpg

❸ 按下「儲存」鈕

❹ 選此項，使匯出所有投影片

❺ 按「確定」鈕離開

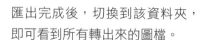

匯出完成後，切換到該資料夾，即可看到所有轉出來的圖檔。

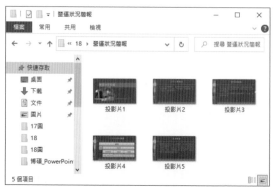

範例光碟：**19財務狀況簡報\財務狀況簡報.pptx**

單元 >>>>>>
19 財務狀況簡報

通常財務人員管理財務都是透過 Excel 之類的辦公軟體來處理，如果簡報是關於財務方面的相關資訊，那麼這一範例可供各位做參考。這裡除了介紹如何從檔案建立 Excel 物件，也會告訴各位如何將同一檔案，但不同工作表的內容嵌入至 PowerPoint 中，以及簡報中如何隱藏投影片、放映中如何查看被隱藏的投影片，以及重要簡報檔如何以密碼加密，從這一範例各位都可學習到。

【範例成果】

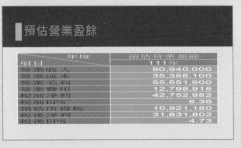

【學習重點】由檔案建立 Excel 物件、編輯內嵌物件、隱藏投影片、放映中查看所有投影片、以密碼加密簡報。

範例步驟

首先請於範例檔中所提供的「簡報範本.potx」按滑鼠兩下,使開啟包含佈景主題的空白簡報,然後輸入標題、副標題後,將檔案命名為「財務狀況簡報.pptx」。

❶ 輸入簡報的標題與副標題文字

❷ 由「檔案」標籤執行「另存新檔」指令,將檔案命名為「財務狀況簡報.pptx」

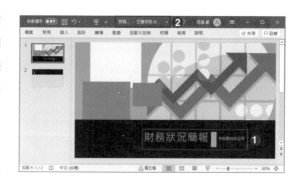

1 **由檔案建立 Excel 物件**:首先我們要透過「插入」標籤的「物件」鈕,由檔案建立 Excel 物件,使 Excel 檔案中的工作表內容可以嵌入簡報檔中。

❶ 將第二張投影片的版面配置設為「只有標題」,並輸入投影片的標題名稱

❷ 切換到「插入」標籤,按下「物件」鈕

❸ 點選「由檔案建立」的選項

❹ 按下「瀏覽」鈕

❺ 選取 Excel 檔圖示

❻ 按下「確定」鈕離開

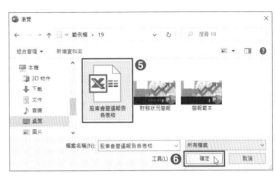

❼ 再按此鈕確定

❽ 編輯區內插入 Excel 物件了，將滑鼠移到圖表的白色控點上，即可放大此圖表

2 **編輯內嵌物件**：當我們所附上的 Excel 文件，如果要使用的物件只有一個，且只有一張工作表，各位就可以依照前面小節的方式來插入 Excel 物件，但若要插入的物件分散在同一個 Excel 檔內的多個工作表時，那麼請先將工作表切換到要使用的位置上，再重覆執行一次插入 Excel 物件的動作就可以了。

❶ 開啟 Excel 文件檔

❷ 將滑鼠移到此工作表，並按下滑鼠左鍵，使成為目前的工作表物件

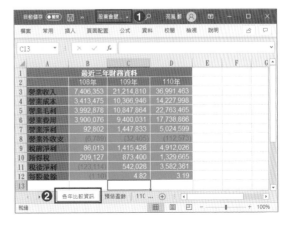

❸ 回到 PowerPont 程式，切換至第
　三張投影片

❹ 點選此按鈕，使插入物件

❺ 同前面方式，按此鈕選取 Excel 檔
　案

❻ 選取檔案後，按此鈕確定

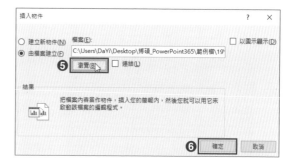

❼ 瞧！插入作用中工作表的物件了

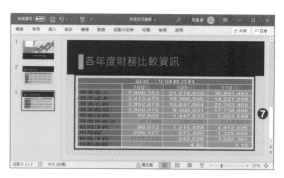

❽ 同上方式完成預估營業盈餘的物
　件插入

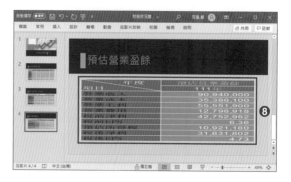

上述插入的物件皆屬內嵌方式，當修改 Excel 資料時，並不會影響簡報檔案的內容。如果各位是經常需要做財務方面的簡報，且財務資訊經常需要更新，那麼可以考慮在「插入物件」的視窗中勾選「連結」的選項。如此一來當於物件上按兩下滑鼠左鍵時，隨即可啟動該物件的製作軟體，而在修改物件內容的同時，於 PowerPoint 內的物件也會同步修改。

不過使用連結方式也有其缺點，因為每次開啟簡報檔時，都會跳出視窗是否要更新連結。為避免此情形發生，建議各位盡量以內嵌的方式來插入物件。

3 **隱藏投影片：** 當各位完成一連串的投影片製作時，卻希望某張投影片於播放時不要顯示出來，此時可利用投影片的隱藏功能，於簡報放映時隱藏該投影片。我們延續上面的範例進行。

❶ 選擇此張投影片

❷ 切換到「投影片放映」標籤，按下「隱藏投影片」按鈕

❸ 瞧！於投影片編號內顯示了隱藏的符號

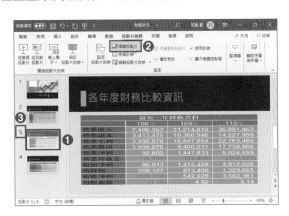

4 **放映中查看所有投影片：** 對於設定為隱藏的投影片，萬一簡報進行中突然需要瀏覽該投影片，可以透過以下方式來顯現。

❶ 在簡報播放時，設定隱藏的投影片不會播放出來。若有需要顯示該隱藏的投影片，可於左下角按下此鈕

❷ 出現瀏覽視窗時，直接點選被隱藏的投影片就可以了

若要取消隱藏，只要在「投影片放映」標籤中再次按一下「隱藏投影片」鈕就可以。

5 **以密碼加密簡報**：為了加強簡報
檔案的安全性，避免任意遭到他
人開啟或篡改，我們還可將簡報
設定開啟或防寫的密碼。

❶ 按下「檔案」標籤，並點選「資
訊」

❷ 按下「保護簡報」鈕

❸ 下拉選擇「以密碼加密」

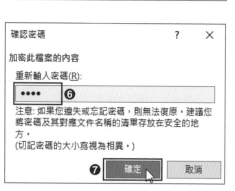

❹ 輸入密碼

❺ 按此鈕確定

❻ 再次輸入保護密碼

❼ 按此鈕確定

完成上述動作後，請讀者們將此
檔案儲存並關閉，接著再重新開
啟此一檔案，即會出現如下畫面：

❶ 跳出此對話框，要求輸入開啟檔
　案的密碼

❷ 輸入密碼後，按此鈕確定

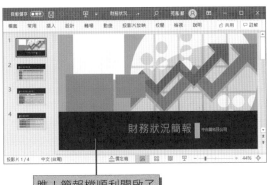

瞧！簡報檔順利開啟了

單元 >>>>>>
20　成本分析簡報

範例光碟：20成本分析簡報\成本分析簡報.pptx

這個範例主要介紹圖表的製作方式，包含如何插入圖表、編輯資料、變更圖表類型、版面配置、樣式套用…等，讓各位輕鬆將繁複的數據資料，變成簡單易懂的圖表。

【範例成果】

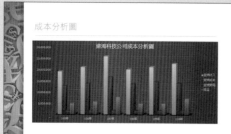

【學習重點】從螢幕擷取畫面、插入直條圖表、編輯資料、變更圖表類型、套用圖表樣式、快速版面配置、圖表項目設定。

範例步驟

首先請於範例檔中所提供的「簡報範本.potx」按滑鼠兩下，使開啟包含佈景主題的空白簡報，然後輸入標題、副標題後，將檔案命名為「成本分析簡報.pptx」。

❶ 輸入簡報的標題與副標題文字

❷ 由「檔案」標籤執行「另存新檔」指令，將檔案命名為「成本分析簡報.pptx」

1 **從螢幕擷取畫面**：在新增的投影片中，我們將説明公司的收入來源、營業成本、營業費用等相關項目，同時擷取 Excel 工作表，讓與會者可以參考。請先開啟「成本分析 .xlsx」文件備用。

❶ 按「Enter」鍵新增第二張投影片
❷ 輸入標題與成本相關的資訊

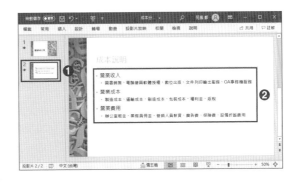

❸ 切換到「插入」標籤
❹ 按下「螢幕擷取畫面」鈕
❺ 下拉選擇「畫面剪輯」指令

❻ 螢幕變成半透明的狀況下，以滑鼠拖曳出要擷取的區域範圍

❼ 將擷取的畫面放大後，由「圖片格式」標籤加入「陰影」的圖片效果
❽ 將文字框下移，使文字內容完全顯現，完成第二張投影片的設定

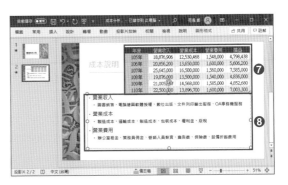

2 **插入直條圖表：** 在第三張投影片中，我們將開始製作圖表，請由「插入」標籤按下「圖表」鈕，或是直接在版面配置中按下「插入圖表」 **▮▮** 鈕。

❶ 新增第三張投影片

❷ 輸入標題文字

❸ 按此鈕插入圖表

❹ 點選圖表類型

❺ 選擇圖表陳列方式

❻ 按「確定」鈕離開

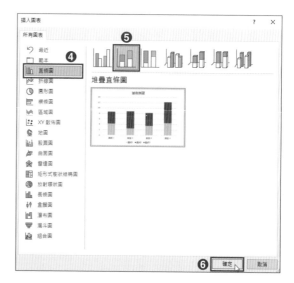

❼ 開啟預設內容的工作表

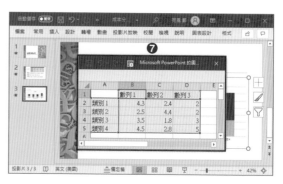

3 **編輯資料**：在預設的工作表中，各位可以依序點選儲存格，然後將相關資料輸入，如果預設的區域不敷使用，請自行調整區塊的範圍。相關資料可參閱「成本分析.xlsx」

❶ 依序點選儲存格，然後輸入資料

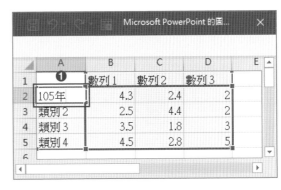

❷ 完成資料輸入後，按此鈕關閉工作表

❸ 瞧！投影片上的圖表已變更成我們的資料了

4 **變更圖表類型**：剛剛我們選用了「堆疊直條圖」的圖表效果，萬一加入資料後覺得不太適用，想要更換成其他的圖表類型，那麼可由「設計」標籤中選擇「變更圖表類型」。

❶ 點選圖表

❷ 由「圖表設計」標籤按下「變更圖表類型」鈕

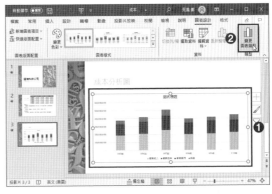

❸ 選擇變更的新類型

❹ 按下「確定」鈕離開

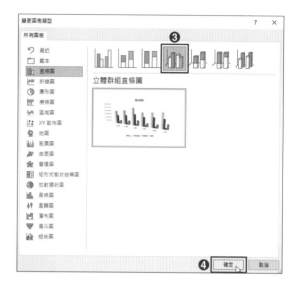

❺ 圖表變更完成

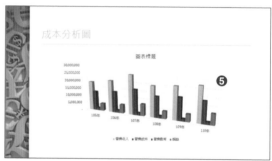

5 **套用圖表樣式：** 資料與圖表類型確定後，可以透過「圖表設計」標籤的「圖表樣式」，讓圖表變得更醒目吸引人。

❶ 點選圖表後，切換到「圖表設計」標籤

❷ 由「圖表樣式」下拉選此圖表效果

❸ 瞧！樣式改變了

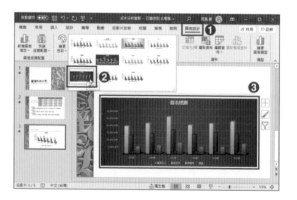

6 **快速版面配置：**在圖表的版面配
置方面，也可以自由選擇喔！按
下「圖表設計」標籤中的「快速
版面配置」鈕，就可以快速變更
版面配置方式。

　❶ 點選圖表

　❷ 由「圖表設計」標籤中按下「快
速版面配置」鈕

　❸ 點選此版面配置

　❹ 輕鬆完成版面配置的變更

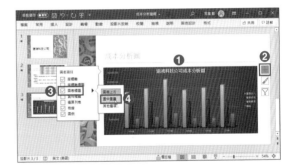

7 **圖表項目設定：**對於圖表的座標
軸、圖表標題，格線，圖例、資
料標籤…等項目，如果還有不滿
意的地方，可按下圖表右側的 ⊞
按鈕做調整，調整方式如下：

　❶ 點選此文字框，然後輸入圖表標題

　❷ 按此鈕

　❸ 點選「圖表標題」

　❹ 由右側選項選擇變更的方式

　❺ 點選「格線」

　❻ 由右側勾選「第一次要水平」

　❼ 瞧！加入水平細線了

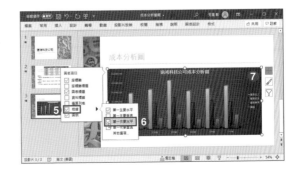

單元 >>>>>>> 21　📀 範例光碟：21股東會議簡報\股東會議簡報OK.pptx

股東會議簡報

一年一度的股東會議，通常公司都會戰戰兢兢的準備資料，尤其是公司還希望股東們可以拿錢出來投資，一定要留給股東們一個好印象，所以簡報內容要確保正確無誤才行。這個範例將著重在翻譯、拼字檢查、中文繁簡轉換等功能，另外，如何在簡報中插入「投影片縮放」，也是此單元中會介紹的重點。

【範例成果】

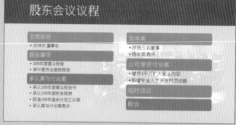

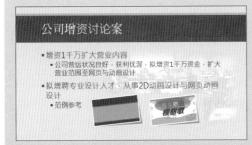

【學習重點】條列清單轉換成 SmartArt 圖形、翻譯、拼字檢查、中文繁簡轉換、插入投影片縮放。

範例步驟

首先請於範例檔中所提供的「股東會議簡報.pptx」按滑鼠兩下，以便繼續簡報的進行。

1 條列清單轉換成 SmartArt 圖形：
在第二張投影片中，主要是顯示股東會議的議程，雖然已經條列成清單，但是各位可以試著將它轉換成 SmartArt 圖形，以圖形顯示的效果會比單純文字來的吸引人。

❶ 切換到第二張投影片

❷ 點選文字方塊

❸ 由「常用」標籤按下「轉換成 SmartArt 圖形」鈕

❹ 選擇要套用的縮圖樣式

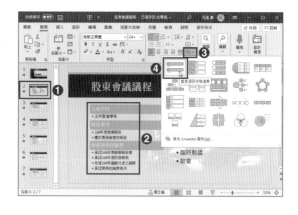

❺ 由「SmartArt 設計」標籤按下「變更色彩」鈕

❻ 選擇要套用的色彩效果

❼ 同上方式，完成另一個條列清單的轉換與顏色變更

2 **翻譯：** 在簡報標題部分，我們打算加入英文說明，不過不知道如何翻譯才好，這時可以考慮透過 PowerPoint 所提供的「翻譯」功能來處理，只要選定要翻譯的文字或句子，再設定要翻譯的語系，就可以快速搞定。

❶ 切換到第一張投影片

❷ 點選要翻譯成英文的文字

❸ 由「校閱」標籤按下「翻譯」鈕，使顯現「翻譯工具」的窗格

❹ 由此下拉目標語系

❺ 這裡顯示翻譯的結果

❻ 將文字輸入點移到下一行

❼ 按下「插入」鈕插入翻譯的內容

❽ 由此調整字體大小

❾ 顯示加入的結果

3 **拼字檢查**：針對中英文簡報，為了防止裡面有拼字錯誤的情形發生，可以透過「拼字檢查」的功能來檢查英文拼字。

❶ 點選第一張投影片

❷ 由「校閱」標籤中按下「拼字檢查」鈕

❸ 檢查到此單字拼錯了

❹ 要變更請按下「變更」鈕

❺ 瞧！單字變更完成

❻ 檢查完畢時出現此視窗，請按下「確定」鈕離開

4 **中文繁簡轉換**：完成的簡報內容如果要轉換成簡體版中文，或是原先的簡體版文字要轉換成繁體中文，一樣是透過「校閱」標籤就可辦到。

❶ 由「校閱」標籤按下「繁轉簡」鈕

❷ 瞧！一個指令就讓整份簡報由繁體變簡體了

5 **插入投影片縮放**：為了增加股東的投資的意願，簡報中還可以將公司製作的作品以「以投影片縮放」的方式插入進來，讓你透過非線性的順序來呈現投影片，使簡報的呈現更豐富更有創意。請先新增 8 和 9 兩張投影片，將投影片的版面配置設為「空白」，同時分別插入「油漆式介面導覽 .mp4」與「童謠歌曲 .mp4」兩個影片檔，使投影片畫面顯現如圖：

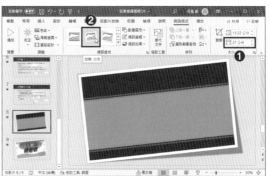

❶ 插入的影片由此設定影片寬度

❷ 分別加入此視訊樣式

❸ 切換到「播放」標籤，分別設定影片為「自動」開始

影片插入並設定完成後，接下來我們在第 7 張投影片上進行以下的設定。

❶ 切換到第 7 張投影片

❷ 由「插入」標籤按下「縮放」鈕

❸ 下拉選擇「投影片縮放」指令

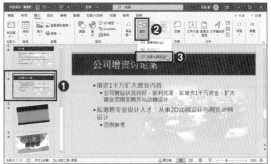

❹ 勾選第 8 和第 9 兩張投影片縮圖

❺ 按下「插入」鈕

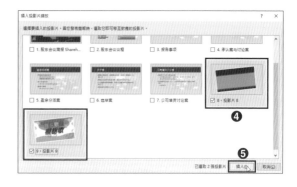

❻ 將產生的兩張圖片排列在「範例
　參考」的旁邊，使顯現如圖

完成「投影片縮放」的插入後，
在播放簡報時只要按下該圖片，
該圖片就會自動放大並連結到對
應的投影片上進行播放。

❶ 簡報放映中按下此圖片

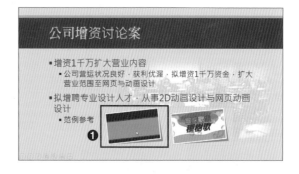

❷ 瞧！影片開始放映了

❸ 播放完畢，按右鍵執行「先前檢
　視過的」指令，就會回到第 7 張
　投影片的位置

4

業務行銷篇

PowerPoint

單元 >>>>>>> 💿 範例光碟：22年度工作計畫\年度工作計畫.pptx

22 年度工作計畫

很多公司行號或社團法人，在年底時都會開始規劃下一年度的工作時辰或活動計畫，以便在會議中討論，或作為事前工作的安排與調度。此一範例主要介紹手繪表格與 SmartArt 清單的編修技巧，期望各位都能將簡報的文字內容，輕鬆透過表格或圖形方式，讓簡報變得更美觀吸引人。

【範例成果】

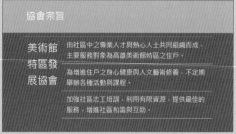

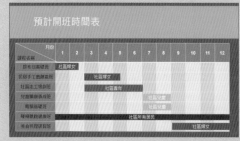

【學習重點】手繪表格、分割儲存格、表格樣式設定、插入 SmartArt 線型清單、插入 SmartArt 群組清單、新增圖案與升 / 降階。

範例步驟

首先請於範例檔中所提供的「簡報範本.potx」按滑鼠兩下，使開啟包含佈景主題的空白簡報，然後輸入標題、副標題後，將檔案命名為「年度工作計畫.pptx」。

❶ 輸入簡報的標題與副標題文字

❷ 由「檔案」標籤執行「另存新檔」指令，將檔案命名為「年度工作計畫.pptx」

1 **手繪表格：**請各位按「Enter」鍵新增兩張投影片，於第三張投影片上輸入標題文字，並將版面配置設為「只有標題」，接著要透過「手繪表格」功能，拖曳出表格的區域範圍與主要分割區域。

❶ 點選第三張投影片，並將版面設為「只有標題」

❷ 輸入標題文字

❸ 由「插入」標籤按下「表格」鈕

❹ 點選「手繪表格」指令

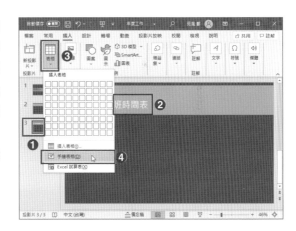

❺ 以滑鼠拖曳出表格的區域範圍

❻ 繪製完成，按一下「手繪表格」
鈕表示結束

❼ 再繼續拖曳出如圖的直線

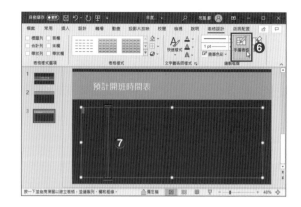

2 **分割儲存格：**以手繪方式分割出
如上圖的表格後，接下來要針對
儲存格進行分割。

❶ 輸入點放置在此儲存格

❷ 由「版面配置」標籤按下「分割
儲存格」鈕

❸ 設定為 12 欄 8 列

❹ 按下「確定」鈕

❺ 瞧！顯現 12 欄 8 列了

❻ 同上方式，將此儲存格分割為 1
欄 8 列

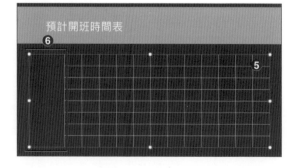

❼ 加大此列的高度

❽ 拖曳下方的邊框，調整表格大小

❾ 按此二鈕設定文字對齊方式

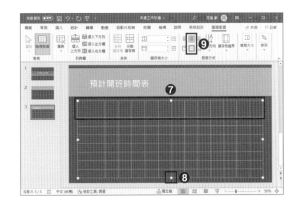

③ **表格樣式設定**：有了基本表格的
雛形後，接著可以透過「表格樣
式」功能來為表格加入美麗的色
彩。

❶ 點選表格

❷ 切換到「表格設計」標籤

❸ 先勾選標題列、首欄、帶狀欄等選
項，讓此三項顯示於表格樣式之中

❹ 由「表格樣式」下拉選此樣式

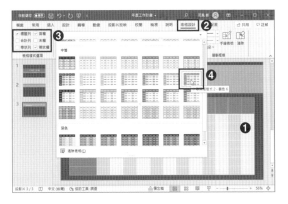

❺ 瞧！表格瞬間披上美麗的衣裳了

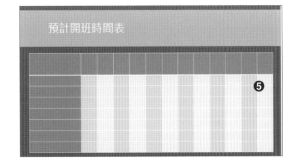

接下來請在標題欄與首欄的儲存
格中輸入課程名稱與月份，變更
課程名稱為黑色字後，再利用
「線條」圖案畫上白色的斜線，
即可顯現如右的效果。

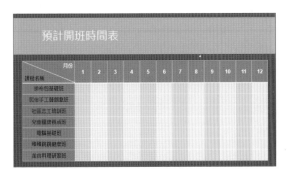

另外，要讓課程開班的時間與適合的對象能夠在表格中顯示出來，這裡將以矩形圖案來呈現。

❶ 以「矩形」圖案繪製長條狀

❷ 切換到「圖形格式」標籤

❸ 由此設定長條狀圖案的高度

❹ 按此設定圖案的顏色

❺ 按右鍵執行「編輯文字」指令，使加入文字

❻ 同上方式即可完成開班時間表的繪製

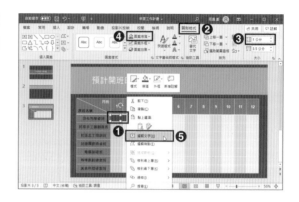

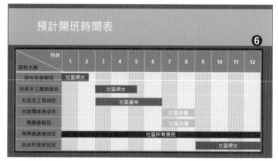

---

4 **插入 SmartArt 線型清單**：對於條列式的清單，各位可以在確定文字內容後，試著透過「SmartArt」的「清單」功能，將清單項目以圖形方式呈現，才不會因為清單的千篇一律而顯得呆板。

❶ 切換到第二張投影片

❷ 輸入投影片標題

❸ 按此圖示，使插入 SmartArt 圖形

❹ 點選「清單」類別

❺ 點選此樣式

❻ 按下「確定」鈕

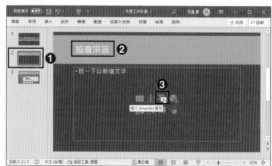

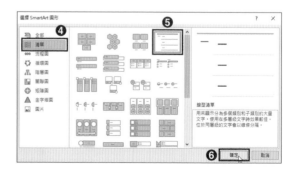

❼ 按此鈕，可依清單階層依序輸入
　文字

❽ 完成清單的設定

5 **插入 SmartArt 群組清單：**除了
SmartArt 線型清單外，PowerPoint
還有各式各樣的清單樣式可以選
用。在第四張投影片中，我們將
選用群組清單，以便在每個課程
中顯示多項的資訊細節。

❶ 新增第四張投影片

❷ 輸入標題文字

❸ 由「插入」標籤按下「插入 SmartArt
　圖形」鈕

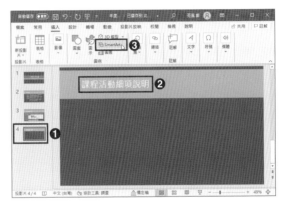

❹ 切換到「清單」類別

❺ 選此清單樣式

❻ 按下「確定」鈕

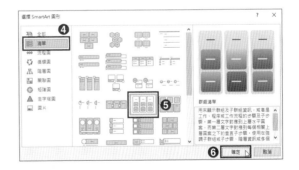

❼ 瞧！插入群組清單的基本樣式

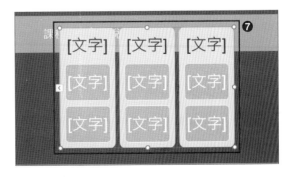

6 **新增圖案與升/降階：**有了基本的清單圖形，接著透過「SmartArt設計」標籤的「建立圖形」群組，就可以做圖案的新增或是清單的升/降階。

❶ 按此鈕，使顯示左側的輸入面板

❷ 依序點選項目符號，即可輸入文字內容

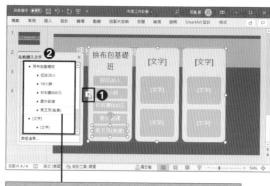

清單不敷使用時，按「Enter」鍵會自動新增

❸ 圖案不敷使用時，請按下「新增圖案」鈕，並下拉選擇「新增後方圖案」指令

❹ 瞧！新增圖案顯示在此

❺ 按下「升階」鈕，使變成第四個清單

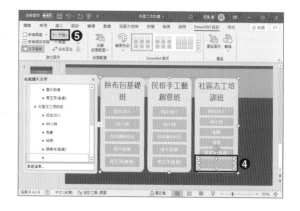

❻ 輸入第四個清單標題

❼ 按下「Enter」鍵會加入第五個清單

❽ 按「降階」鈕，將其變成第四清單內容

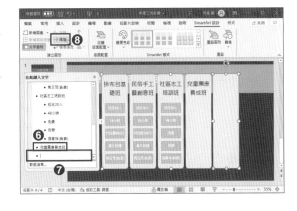

❾ 同上方式，完成群組清單的文字輸入後，切換到「SmartArt 設計」標籤

❿ 由此下拉即可變更圖形的色彩

⓫ 調整圖形大小與位置後，瞧！完成第四張投影片的設定

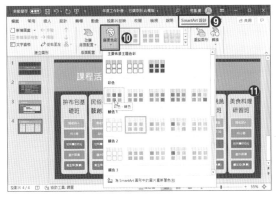

單元 》》》》》》 範例光碟：23業績獎金制度\業績獎金制度.pptx

23 業績獎金制度

這個範例著重在「備忘稿」功能的介紹，包括如何編輯或設計備忘稿、如何做備忘稿的版面設定或版面配置，以及列印備忘稿等方式。另外還要告訴各位如何在簡報中插入 PowerPoint 簡報，讓複雜的簡報也可以透過分工方式編輯相關主題，最後整合在一起。

【範例成果】

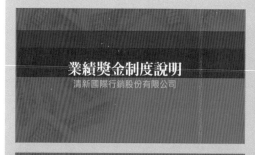

【學習重點】簡報中插入 PowerPoint 簡報、新增備忘稿、備忘稿檢視模式下編輯備忘稿、設計備忘稿母片、變更備忘稿版面方向與版面配置、列印備忘稿。

範例步驟

首先請於範例檔中所提供的「簡報範本.potx」按滑鼠兩下，使開啟包含佈景主題的空白簡報，先將檔案命名為「業務獎金制度.pptx」，然後透過「從大綱插入投影片」功能，把簡報文字內容插入。

❶ 由「檔案」標籤執行「另存新檔」指令，將檔案命名為「業務獎金制度.pptx」

❷ 由「常用」標籤按下「新投影片」鈕

❸ 下拉執行「從大綱插入投影片」指令

❹ 點選此文字檔

❺ 按下「插入」鈕

❻ 插入大綱後，刪除第一張投影片，再將第二張投影片的版面配置設定為「標題投影片」，即可顯現如圖

1 **簡報中插入 PowerPoint 簡報：**
在第四張投影片中，我們將插入另一個簡報檔-「主要銷售產品.pptx」，如此一來好讓參與簡報者的人可以知道公司所販賣的產品為何。

❶ 切換到第四張投影片，並將版面配置設定為「只有標題」

❷ 切換到「插入」標籤

❸ 按下「物件」鈕

❹ 點選「由檔案建立」的選項

❺ 按下「瀏覽」鈕

❻ 點選此檔案縮圖

❼ 依序按「確定」鈕離開

❽ 拖曳四角的控制點，即可放大尺寸

設定完成後，當簡報放映時按下
該簡報畫面，就會立刻切換到
「主要銷售產品.pptx」的簡報
並開始播放，待該簡報放映完成
時，就會自動回到「業務獎金制
度.pptx」的簡報中。

❶ 簡報放映中按下此圖

❷ 馬上以全螢幕方式，播放「主要
　銷售產品.pptx」的簡報內容

2　**新增備忘稿**：對於演講新手來
　說，如果害怕準備的投影片內容
　不夠用，想要多補充一些範例故
　事，以備不時之需；或是害怕自
　己緊張忘詞，想要有個備忘稿提
　示自己，那麼可以考慮利用「備
　忘稿」的功能，透過「備忘稿」
　的窗格來輸入相關提示文字。

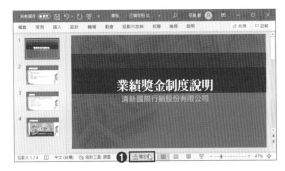

　❶ 在視窗下方按下「備忘稿」鈕，
　　使顯現備忘稿窗格
　❷ 直接輸入文字內容
　❸ 若要條列清單，可由此做設定

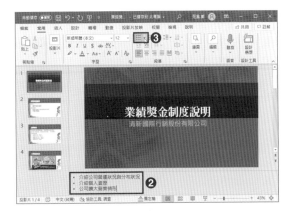

3 **備忘稿檢視模式下編輯備忘稿：**
除了在備忘稿窗格中直接輸入文字內容外，各位也可以在備忘稿檢視模式下編輯備忘稿內容。

❶ 切換到「檢視」標籤

❷ 按下「備忘稿」鈕，使切換到備忘稿檢視模式

❸ 直接點選文字方塊即可輸入文字

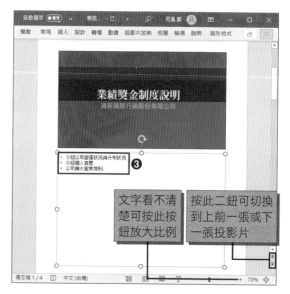

4 **設計備忘稿母片：**對於備忘稿的文字大小或顏色，各位也可以透過備忘稿母片的功能來設計，請由「檢視」標籤按下「備忘稿母片」鈕，即可進入備忘稿母片的檢視模式。

❶ 切換到「檢視」標籤

❷ 按下「備忘稿母片」鈕

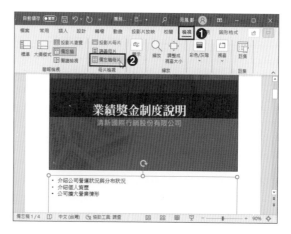

❸ 點選第一層的文字

❹ 由「常用」標籤的「字型」群組
　設定字型大小與文字顏色

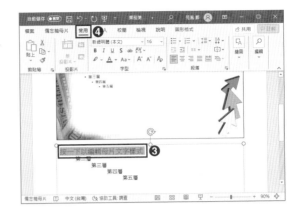

❺ 設定完成，切換到「備忘稿母片」
　標籤

❻ 按下此鈕關閉母片檢視

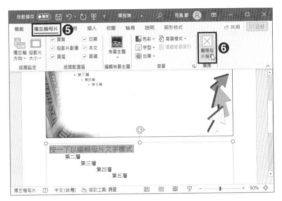

❼ 檢視備忘稿的版面時，就會看到
　備忘稿的文字變成暗紅色了

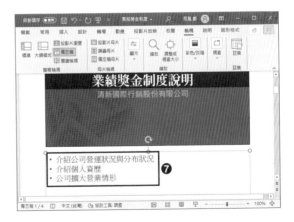

5 **變更備忘稿版面方向與版面配**
置：預設的備忘稿版面是採用直
式的編排方式，如果希望改變備
忘稿的方向或版面配置區，則請
進入備忘稿母片的檢視模式中做
設定。

❶ 由「檢視」標籤按下「備忘稿母
片」鈕

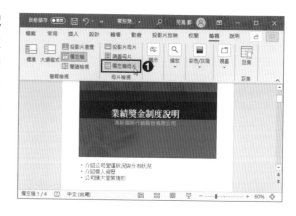

❷ 勾選此項，可以去除「日期」的
版面配置

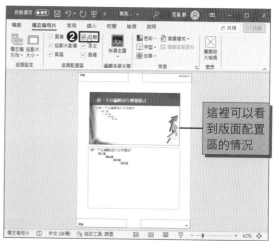

❸ 瞧！日期的文字區塊已被取消了
❹ 按下此鈕，下拉選擇「橫向」

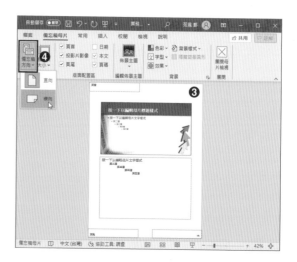

❺ 設定完成，按此鈕關閉母片檢視

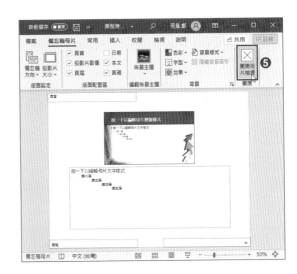

6 **列印備忘稿：**備忘稿的相關內容
與版面設計都製作完成後，如果
需要列印出來，請由「檔案」標
籤的「列印」功能作如下的設定。

❶ 點選「列印」指令
❷ 由此處下拉
❸ 選擇「備忘稿」

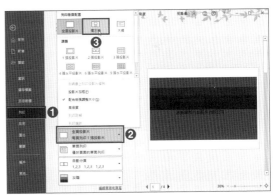

❹ 瞧！變成備忘稿的版面了
❺ 按此鈕開始列印備忘稿

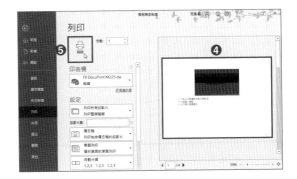

單元 >>>>>>
24

範例光碟：24創新行銷獎勵方案\創新行銷獎勵方案OK.pptx

創新行銷獎勵方案

許多銷售生活日用品的公司，都會以消費即是賺錢的方式吸引消費者加入會員，購買產品越多就可以賺取更多的紅利回饋，於是召集親朋好友一起團購來增加額外的獎金。

這個範例以此為主題，介紹 PowerPoint 的旁白錄製、排練計時、以及錄製投影片放映…等功能技巧，讓各位的簡報技巧更上一層樓。

【範例成果】

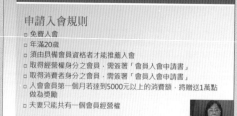

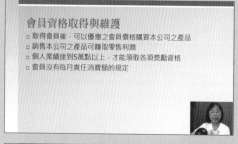

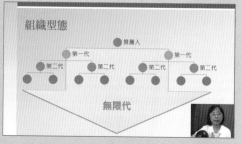

【學習重點】在簡報中內嵌字型、錄製旁白、設定音訊選項、排練計時、錄製投影片放映、在資訊站瀏覽、由觀眾自行瀏覽、建立成 MP4 視訊檔。

首先請開啟範例檔中的「創新行
銷獎勵方案.pptx」簡報檔，我們
將以此檔案做介紹：

1 **在簡報中內嵌字型**：在設計簡報
時，有時候我們會使用到一些較
特殊的字型樣式，為了確保簡報
能在其他無安裝相同字型的電腦
中也能正確無誤的顯示內容，可
以考慮將字型內嵌於簡報中。

❶ 點選「檔案」標籤

簡報中使用了文鼎的字體樣式

❷ 按下「選項」鈕

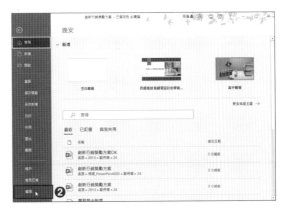

❸ 切換到「儲存」類別

❹ 勾選「在檔案內嵌字型」

❺ 點選「只內嵌簡報中所使用的字元」，如此可以降低檔案量

❻ 按下「確定」鈕離開

設定完成後儲存該簡報檔，如此一來所用到的字型就會儲存在簡報中。

2 **錄製旁白**：簡報內容大致底定後，可以考慮利用麥克風，將自己要簡報的內容錄製到簡報中。請將麥克風準備好，喝一口水潤一下喉嚨，然後準備進行錄製旁白的工作。

❶ 切換到第一張投影片

❷ 由「插入」標籤按下「音訊」鈕

❸ 下拉選擇「錄音」指令

❹ 按此鈕開始錄音

❺ 錄製完成按下此鈕停止

❻ 錄製後按此鈕可試聽效果

❼ 滿意則按此鈕離開

❽ 瞧！音訊圖示已顯示在投影片上

由此也可以試聽音訊

透過這樣的方式，各位可以在每一張投影片中錄製旁白。如果覺得剛剛錄製的旁白效果不好，也只要點選喇叭圖示後，按「Delete」鍵刪除即可。

3 **設定音訊選項**：剛剛錄製的旁白，在簡報放映時是不會自動播放，必須等各位按下喇叭的圖示才會播放聲音。若要將旁白設定成自動播放，且不出現喇叭的圖示，必須透過「播放」標籤來設定。

❶ 點選聲音圖示

❷ 切換到「播放」標籤

❸ 由此將「開始」設為「自動」

❹ 勾選「放映時隱藏」的選項

❺ 按此鈕放映簡報

❻ 瞧！聽到旁白，看不到喇叭圖示了

4 **排練計時：**要讓自己在演講或簡報的場合不會緊張怯場，不斷地模擬練習是有其必要的，這樣才能讓簡報內容自然地「講」出來，而非「讀」出來，反覆地練習，也可以幫助自己熟記演講內容，不會因舌頭打結而產生停頓的窘境。而時間的掌控也相當重要，在 PowerPoint 裡可以運用「排練計時」的功能來預演整個簡報放映的時間，以便在排練的過程中，確實了解每一張投影片的解說時間，以及整個簡報所要耗費的時間。

❶ 點選第一張投影片

❷ 由「投影片放映」標籤按下「排練計時」鈕，使開始播放簡報

❸ 放映簡報時左上角會顯示計時器，請依排演的速度來播放簡報

❹ 簡報放映完成後會顯示播放的總
　 時間，按「是」鈕完成排練計時

❺ 排練完成，自動切換到「投影片
　 檢視模式」，投影片下方會顯示簡
　 報的排練計時時間

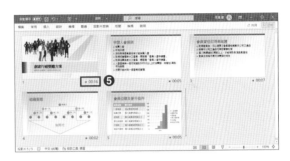

進行排練計時時，投影片左上角
會顯示計時器，而計時器所代表
的功能如右圖所示：

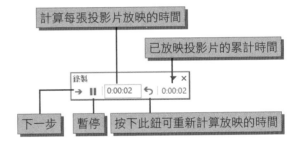

如果在練習的途中想離開一下，可按下「暫停」鈕暫時停止排練，回來後再按「下
一步」鈕繼續排練，如果想中止簡報的排列，則按「Esc」鍵結束。

5 **錄製投影片放映**：如果各位對自
　 己的演講台風很有信心，覺得不
　 需要一張張慢慢錄製旁白，那麼
　 也可以選擇「錄製投影片放映」
　 功能，一氣呵成地把所有簡報旁
　 白錄製完成。
　 ❶ 切換到「投影片放映」標籤
　 ❷ 按下「錄製投影片放映」鈕
　 ❸ 下拉選擇「從頭開始錄製」指令，
　 　 使開啟錄製的介面

此處先針對錄製的介面做個簡要的說明：

在此版本中可將演講者的影像，透過相機的鏡頭錄製下來，要是你不喜歡露臉，也可以按下「關閉相機」⏹ 鈕關閉相機功能，這樣人像就不會被記錄下來。如果你有準備備忘稿的資料，也可以將備忘稿開啟來參考，錄製時並不會將備忘稿錄製進去。另外在錄製時，你可以選用「雷射筆」，它會以紅色的圓點 ⬤ 來替代滑鼠，讓觀眾知道你講解的位置，而畫筆、螢光筆可用來標記重點。

要開始錄製時請按下紅色的「錄製」⏺ 鈕，畫面出現倒數的數字後，即可開始錄製簡報，完成時再按下「停止」▮▮ 鈕即可，最後按下右上角的「關閉」鈕離開畫面，就可以在簡報上看到錄製的聲音檔和影像。

❶ 調整相機預設窗中的人像位置

❷ 按此鈕可開啟備忘稿參考

❸ 按下紅色按鈕開始錄製

❹ 第一頁介紹完，按此鈕顯示下一頁

❺ 完成最後一張投影片錄製後，按此鈕停止

❻ 按此「關閉」鈕離開錄製視窗

❼ 錄製的人像與聲音已顯示在簡報
　的右下角

錄製之後，萬一發現某張投影片
的旁白錄製不理想，可針對選取
的投影片進行清除，屆時再針對
選定的投影片進行錄製即可。如
圖示：

❶ 先選定投影片

❷ 由「錄製投影片放映」鈕下拉選
　擇「清除 / 清除目前投影片上的旁
　白」指令，使之刪除旁白

❸ 再由「錄製投影片放映」鈕下拉
　選擇「從目前投影片開始錄製」

6 **在資訊站瀏覽**：加入旁白說明的
　簡報，可以考慮放置在公共場合
　或資訊站中，只要將放映方式設
　定為「在資訊站瀏覽（全螢幕）」
　的放映類型，就可以在無人的情
　況下，重複不斷地放映簡報內
　容。請由「投影片放映」標籤中
　按下「設定投影片放映」鈕，使
　進入下圖視窗。

❶ 點選「在資訊站瀏覽（全螢幕）」
　的放映類型

❷ 選擇「全部」

❸ 選擇「自動」

❹ 按下「確定」鈕

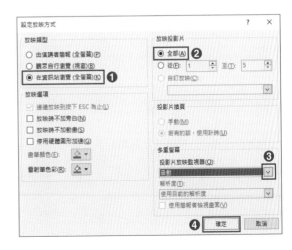

❺ 按下此鈕開始重複放映簡報

7 **由觀眾自行瀏覽：**完成的簡報內
容，如果要讓觀眾依照個人需求
來自行瀏覽簡報內容，那麼在放
映時可以選擇「觀眾自行瀏覽
（視窗）」的放映類型。請由「投
影片放映」標籤中按下「設定投
影片放映」鈕，使進入下圖視窗。

❶ 點選「觀眾自行瀏覽（視窗）」的
放映類型

❷ 選擇「全部」

❸ 按下「確定」鈕

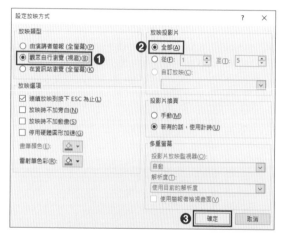

設定完成後，由「投影片放映」
標籤按下「從首張投影片」鈕，
就會以如右視窗的方式放映簡報。

由此二鈕控制前後頁的切換

8 **建立成 MP4 視訊檔**：製作的簡報
已經有包含錄製的時間和旁白，
那麼也可以考慮將簡報匯出成視
訊格式，這樣就可以將視訊檔案
上傳到網路上、以電子郵件傳
送、甚至是燒錄到光碟之中。簡
報建立成視訊格式，會一併將所
錄製的時間、旁白、筆跡線條、
雷射筆筆勢、動畫、切換和媒體

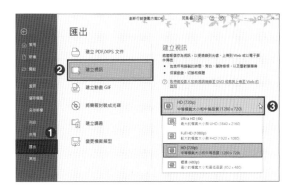

等都轉換成視訊。至於尺寸的部分，有標準 (480p)、HD (720p)、Full HD (1080p)、
Ultra HD (4k) 等四種選擇。檔案越大則不利於網路的傳輸。要建立成視訊，請點選
「檔案」標籤，再依下面的步驟進行設定。

❶ 點選「匯出」

❷ 按下「建立視訊」

❸ 下拉選擇影片尺寸

❹ 下拉選此項，使用錄製的時間和
　旁白

❺ 按此鈕建立視訊

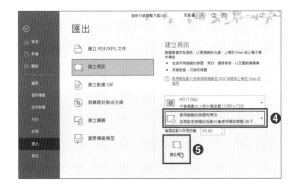

❻ 輸入影片檔名稱

❼ 按下「儲存」鈕

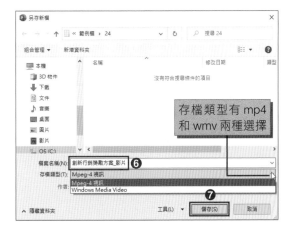

存檔類型有 mp4
和 wmv 兩種選擇

稍待片刻，影片輸出完成，就可
以看到 mp4 的影片檔了！

由於輸出成影片後，檔案量通常都很大，建議各位可以在網路上搜尋視訊壓縮工
具來壓縮影片，例如：VidCoder 便是一款免費又好用的影音轉檔程式。下載、安
裝、開啟程式，點選「開啟來源」鈕並下拉選擇「開啟視訊檔」指令，開啟要進行
壓縮的影片檔，接著設定編碼的速度，再按「編碼」鈕進行影片壓縮就可搞定。以
65MB 的影片為例，壓縮後只有 12MB 的檔案量，較利於網路的傳輸。

單元 >>>>>>
25　投標案件規格說明

🔵 範例光碟：25投標案件規格說明\投標案件規格說明_動畫.pptx

這個範例主要介紹簡報動畫的使用技巧，包括動畫效果的套用、預覽、設定效果選項、變更動畫效果、動畫聲效…等，讓各位的簡報也能增添動感，吸引觀眾們的目光。

【範例成果】

【學習重點】套用／預覽動畫、效果選項設定、變更動畫效果、啟動動畫窗格、設定動畫開始方式、同時顯示動畫與動作音效、圖案表格動畫。

範例步驟

首先請開啟範例檔中的「投標案規格説明.pptx」，簡報中已經針對某一投標物的特色與規格做説明，現在我們將運用此簡報來解説動畫設定技巧。

1 **套用／預覽動畫**：想要為簡報中的文字加入動畫效果，只要選取文字方塊後，由「動畫」標籤中選擇動畫樣式，就完成動畫的套用。若要觀看套用後的效果，按下「預覽」鈕即可立即預覽動畫。

❶ 點選第一張投影片

❷ 點選標題文字

❸ 切換到「動畫」標籤

❹ 由此下拉選擇要套用的動畫樣式

❺ 於動畫標題左上方出現了數字 1 的編號

❻ 按下「預覽」鈕，就會立即看到動畫效果

> 若有勾選「自動預覽」，則套用效果後就會自動顯示動畫效果

預設的動畫樣式共分四種類型，分別為進入、強調、離開及移動路徑。其中的「進入」是設定顯示投影片時該物件的動態效果，而「離開」則是離開投影片時該物件的動態變化。

2 **效果選項設定**：當各位加入動畫
效果後，還可以透過「效果選項」
鈕來調整動畫效果，選用不同的
動態樣式，其效果選項也會不同
喔！

❶ 點選標題文字

❷ 按下「效果選項」鈕，下拉選擇
要套用的項目

3 **變更動畫效果**：如果各位覺得
「動態樣式」所提供的預設效果
不夠炫麗，那麼可以從「動態樣
式」下拉，再選擇其他的動態樣
式。這裡以「其他進入效果」做
說明：

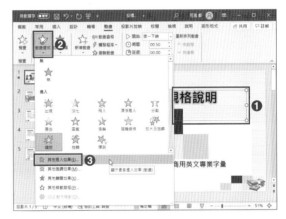

❶ 點選標題文字

❷ 按下「動態樣式」鈕

❸ 下拉選擇「其他進入效果」

❹ 選擇想要套用的效果名稱

❺ 勾選此項可馬上預覽效果

❻ 滿意則按「確定」鈕離開

接下來請自行為副標題加入「飛入」的動畫效果,使畫面顯現如右圖:

4 **啟動動畫窗格:**在加入動畫後,如果想要查看動畫設定的相關資訊,諸如:調整動畫執行的先後順序、播放選定的動畫…等,可開啟動畫窗格來了解。

❶ 由「動畫」標籤按下「動畫窗格」鈕

❷ 瞧!動畫窗格顯示於右側

❸ 按此鈕會將選定的動畫下移,使調整動畫執行的先後順序

按此圖示建立空白簡報

❹ 瞧!投影片上顯示的編號順序改變了

現在請各位按下 🖵 作投影片放映，就會看到簡報只出現圖案而沒有文字，當按下滑鼠左鍵才會出現副標題文字，再按一下滑鼠左鍵才會再出現標題文字，如下圖所示：

5　**設定動畫開始方式**：各位可以發現投影片上的數字，便是投影片動畫播放的先後順序。如果希望進入該投影片時能夠一次就完成副標題與標題的出現，而不需要再按滑鼠左鍵作切換，那麼可以透過「開始」鈕作調整。預設值為「按一下時」，也就是必須按下滑鼠左鍵才會開始動畫，選擇「接續前動畫」會在前面動畫完成後馬上顯示該動畫，而選擇「隨著前動畫」，則動畫能同時執行。

❶ 點選此數字編號

❷ 按此鈕，並下拉選擇「接續前動畫」

❸ 瞧！數字由「1」變成「0」

❹ 點選此數字編號

❺ 下拉選擇「接續前動畫」，則數字也由「1」變成「0」

現在請各位按下  作投影片放映，就會看到動畫的播放一氣呵成。

6 **同時顯示動畫與動作音效**：對於所加入的動畫，各位也可以考慮加入音效來輔助。設定方式如下：

❶ 由動畫名稱右側按下此鈕

❷ 下拉選擇「效果選項」

❸ 下拉設定聲音

❹ 由此還可設定動畫文字顯示的方式

❺ 設定完成按下「確定」鈕離開

❻ 放映時就會看到一個個中文以螺旋方式飛入，而且含有音效

7 **圖案表格動畫**：除了簡報的文字
　內容可以加入動畫外，舉凡插圖
　或表格一樣可以透過前面介紹的
　方式來加入動畫。

❶ 點選此插圖物件

❷ 由「動畫樣式」下拉選擇「其他
　進入效果」

❸ 選取要套用的動畫效果

❹ 按下「確定」鈕離開

❺ 由此下拉選擇「隨著前動畫」，這
　樣插圖就會與簡報標題同時出現

學會動畫的設定方式後，接下來請各位自行設定其他四張的投影片效果，使顯現如圖。

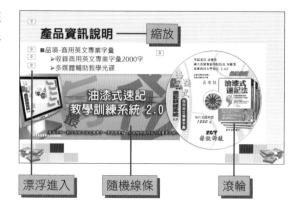

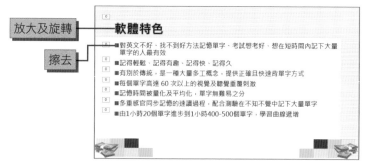

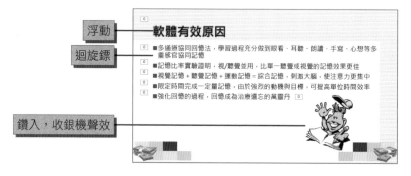

範例光碟：26市場概況分析簡報\市場概況分析簡報_動畫.pptx

單元 >>>>>> 26 市場概況分析簡報

在前一章的範例中，各位已經學會如何為文字物件或圖像物件加入動畫，這一章將繼續針對兩個以上的動畫效果、如何繪製／編輯動畫移動路徑等技巧做說明。除此之外，已設定好的動畫效果，如何在放映時不顯示動畫，也會在這一章一併做說明。

【範例成果】

投影機市場分析報告

總體市場與競爭廠商

- 總體市場
  - 約100億產值，年成長率為15%，有70%以上由AV行業推廣
- 主要競爭廠商
  - 生寶、鉅麗、杉陽、大童、首立

通路型態與通路分配

- 主要區分為：直銷、中信局、經銷
  - 直銷：15%，主要為個人需求
  - 中信局：35%，公家機關、學校...等
  - 經銷：50%，電器行、AV...等

消費型態

- 據統計，全台約有50%的人有買過投影機，其中40%以上的人是為了擁有家庭劇院而購買，有30%以上的人是為工作上的需求

價格

- 依商品獲利優劣區分為：
  - 初級品：已架一段時間，或功能較為低等的產品（利潤約為10%以下）
  - 中等品：符合一般家庭劇院需求者，各銷售點必備產品（利潤約15~35%）
  - 高級品：最新產品，且功能完備，並以高利潤吸引店家銷售推薦（利潤50~100%）

【學習重點】新增兩個以上的動畫效果、反轉路徑方向、編輯移動路徑、繪製動畫移動路徑、封閉路徑、設定動畫期間、投影片瀏覽模式下瀏覽動畫、放映時不加動畫。

範例步驟

首先請開啟範例檔中的「市場概況分析簡報.pptx」，簡報內容已編排完成，現在將運用此簡報來解說動畫的進階設定。

1 **新增兩個以上的動畫效果：** 在前一章的範例中，各位已經學會如何透過「動畫樣式」來套用單一個的動畫效果，如果希望一個物件可以同時套用多種的動畫效果，那麼可透過「新增動畫」鈕來新增。

❶ 點選第一張投影片

❷ 點選標題文字

❸ 先套用「飛入」的動畫樣式

❹ 設定為「接續前動畫」

❺ 繼續按下「新增動畫」鈕

❻ 下拉選擇「其他移動路徑」

❼ 選取此移動路徑

❽ 按下「確定」鈕離開

❾ 設定為「接續前動畫」

❿ 瞧！這裡顯示路徑移動的軌跡。綠色箭號代表起始點，紅色箭號代表終止點

⓫ 按此鈕放映投影片，並觀看其效果

2 **反轉路徑方向**：剛剛所設定的「螺旋向右」動畫，因為起始點與結束點的位置不同，所以放映後文字會右移。如果想要調整標題文字右移的情況，可按右鍵執行「反轉路徑方向」指令，這樣標題文字就會以相反的方向移動，而回到標題文字原先的位置。

❶ 按右鍵於路徑，執行此指令

❷ 瞧！紅 / 綠箭號的位置改變了

各位也可以直接拖曳路徑至左側，這樣也可以改變標題文字最後顯現的位置喔！

3 **編輯移動路徑：** 在設定動畫效果
時，對於所加入的移動路徑如果
不滿意，也可以自行加以編輯
喔！此處我們以副標題文字來做
說明。
❶ 點選副標題文字
❷ 下拉套用「弧線」的移動路徑效果

選此項，有更多的移動路徑可以選用

❸ 在路徑上按右鍵，執行「編輯端
點」指令

❹ 出現端點後，自行調整端點的位置

❺ 由此設定接續前動畫

❻ 按「預覽」鈕預覽動畫效果

4 **繪製動畫移動路徑：**在 PowerPoint 中雖然提供了六十多種的移動路徑可供各位選用，若因版面的需求，需要較特殊的移動效果，也可以自行繪製移動路徑。

❶ 點選人物插圖

❷ 由動畫樣式下拉選擇「自訂路徑」

❸ 按住人物插圖不放，並拖曳出想要移動的路線，完成時按滑鼠兩次表示確定

❹ 設定為接續前動畫

❺ 按「預覽」鈕預覽效果

5 **封閉路徑：**前面所加入的移動路徑，都是屬於開放性的線條，所以都會看到綠色箭號的起始點與紅色箭號的終點，而文字或插圖在移動後，其位置都會有變動。如果各位希望圖／文在動畫播放後可以顯示在原先的位置上，那麼可以透過滑鼠右鍵來關閉路徑。設定方式如下：

❶ 在人物插圖的路徑上按滑鼠右鍵，並執行「封閉路徑」指令

❷ 瞧！變成封閉的路徑了

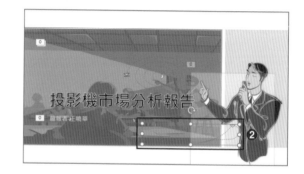

6 **設定動畫期間：**加入動畫效果後，各位也可以根據畫面的需求來調整動畫時間的長度喔。

❶ 點選人物插圖

❷ 由此將「期間」由 2 秒更改為 1秒

❸ 按「預覽」鈕觀看變化

學會兩個以上的動畫設定方式，以及如何繪製／編修動畫路徑後，接下來的四張投影片請自行發揮創意，完成各項物件的動畫設定。

7 **投影片瀏覽模式下瀏覽動畫**：設定完動畫的投影片，都會在投影片縮圖旁看到星號 ⭐ 的圖示，按下該按鈕可預覽動畫效果。

同樣地在投影片瀏覽模式下，也可以透過 ⭐ 鈕來瀏覽動畫效果。

❶ 按此鈕切換到投影片瀏覽模式

❷ 按下星號的圖示鈕

❸ 瞧！馬上看到動畫效果

8 **放映時不加動畫**：當辛苦製作完成且加上精彩動畫的簡報，卻被覺得太過花俏時，我們可以更改 PowerPoint 的放映方式，取消動畫播放即可，而不需移除動畫效果。設定方式如下：

❶ 切換到「投影片放映」標籤

❷ 按下「設定投影片放映」鈕

❸ 勾選「放映時不加動畫」的選項

❹ 按下「確定」鈕離開

範例光碟：27策略聯盟合作計畫\策略聯盟計畫.pptx

單元 >>>>>>> 27

策略聯盟合作計畫

在單元 07 的範例中，我們曾經介紹如何將 TXT 文字檔的資料，透過「從大綱插入投影片」的功能插入至簡報中，事實上除了 TXT 文字檔外，舉凡 Word 文件或 RTF 文件，都可以直接將其轉換成投影片的大綱，而不需再額外輸入這些文字。此章範例將針對 Word 文件檔做說明，同時介紹動作按鈕與動作設定技巧，讓各位輕鬆往返於簡報之間，或是快速連結到其他相關文件。

【範例成果】

策略聯盟計劃
愛樂便利事業股份有限公司（簡稱甲方）
東方快遞股份有限公司（簡稱乙方）

策略聯盟目的
- 運用雙方於市場上的優勢，互相搭配在彼此的產品或通路上，可降低雙方的營業成本，更可利用對方（乙方）的營業優勢產生我方（甲方）產品的附加價值，以達到雙贏的目地！

乙方策略聯盟優勢分析（一）
- 增加客戶服務據點，增加貨運服務需求
- 提高客戶寄貨 / 領貨便利性
- 廣告宣傳費用合理分攤，降低營運成本

乙方策略聯盟優勢分析（二）
- 收貨即收款，降低呆帳發生機率
- 提昇同行產業競爭力
- 相互學習彼此管理經驗

甲方策略聯盟優勢分析
- 增加客戶流量，增加客戶消費機會
- 增加服務項目，增加其它收入
- 廣告宣傳費用合理分攤，降低營運成本

客戶策略聯盟優勢分析
- 增加寄貨的便利性
- 提高於各地領貨的便利性

【學習重點】從大綱插入 DOC 文字檔、插入動作按鈕與動作設定 (下頁 / 上頁 / 首頁 / 文件 / 空白)、變更動作設定。

範例步驟

想將 Word 文件中的文字內容順利地插入到 PowerPoint 中，各位可以先由「檢視」標籤按下「大綱模式」鈕使進入大綱編輯模式，然後透過「階層」的設定先區隔出大小標，如圖示：

❶ 由此設定階層，階層 1 為標題字，階層 2 為副標或內文字，以此類推

❷ 設定完成，按此鈕離開大綱編輯狀態

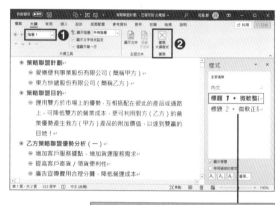

可預先自訂文字樣式，在加入至簡報後，會以此設定的字體顏色顯示

9 **從大綱插入 DOC 文字檔：**首先開啟已包含佈景主題的空白簡報，我們將利用「從大綱插入投影片」指令，把文字插入至簡報中。

❶ 由範例資料夾中於此簡報範本按滑鼠兩下，使開啟空白簡報

❷ 切換到「常用」標籤

❸ 按下「新投影片」鈕

❹ 選擇「從大綱插入投影片」指令

❺ 點選 Word 文件

❻ 按下「插入」鈕

❼ 點選第 1 張投影片，按下「Delete」鍵使之刪除

❽ 再由此變更版面配置為「標題投影片」

❾ 瞧！文字都套用了原先 Word 中所設定的顏色

10 **插入動作按鈕與動作設定（下頁／上頁／首頁／文件／空白）**：在簡報放映模式內，若要切換投影片，可按下滑鼠左鍵或位於視窗下方的切換鈕，除了此兩種選擇外，PowerPoint 還提供「動作按鈕」的功能，透過這樣的功能，除了有更多的效果可以選擇外，也可以加入動作音效喔！此處我們將針對下頁、上頁、首頁、文件、

空白等動作按鈕做說明。為了方便起見，動作按鈕將設定在投影片母片當中，如此一來只要設定一次，所有的投影片中都會顯現。

❶ 由「檢視」標籤按下「投影片母片」鈕，使進入母片編輯狀態

❷ 點選投影片母片

↘ 動作按鈕設定 - 下一頁

❶ 由「插入」標籤按下「圖案」鈕

❷ 選擇「下一頁」鈕

❸ 至頁面上拖曳出按鈕的區域範圍

❹ 自動跳出此視窗，預設值會顯現跳到「下一張投影片」

❺ 勾選此項，並下拉選擇要使用的音效

❻ 按下「確定」鈕離開

❼ 切換到「圖形格式」標籤

❽ 由此設定動作按鈕的比例大小

❾ 由此可變更動作按鈕的樣式

完成「下一頁」按鈕的設定後，接下來「上一頁」、「首頁」、「文件」、「空白 - 離開」等動作按鈕，也都是透過「圖案」鈕中的「動作按鈕」類別來加入。如右圖所示：

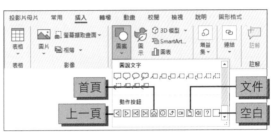

為了節省篇幅，這裡僅針對「動作設定」視窗做說明，其餘的操作步驟則與「下一頁」鈕相同。

↘ **動作按鈕設定 - 上一頁**

↘ **動作按鈕設定 - 首頁**

↘ 動作按鈕設定 - 文件

❶ 由此先設定聲音效果

❷ 由此下拉選擇「其他檔案」

❸ 選取要連結的文件檔

❹ 按下「確定」鈕離開

↘ 動作按鈕設定 - 空白 - 離開

由此下拉選擇「結束放映」

由於「空白」鈕是呈現空白圖形，這裡則將空白鈕複製後縮小，讓它顯示如停止鈕的效果。如右圖所示：

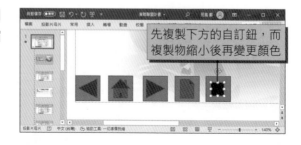

先複製下方的自訂鈕，而複製物縮小後再變更顏色

完成如上設定後，請由「投影片母片」標籤按下「關閉母片檢視」鈕，使離開母片
編輯狀態。當各位開始放映投影片時，就可以輕鬆透過如上的五個按鈕來執行各項
動作了。

11 **變更動作設定：**在加入動作按鈕
後，如果發現原先設定有錯誤，
想要重新做修改，此時只要透過
滑鼠右鍵執行「編輯超連結」指
令，即可顯示「動作設定」視
窗。如圖示：

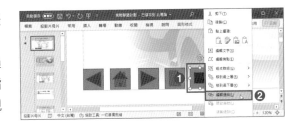

❶ 點選動作按鈕

❷ 按右鍵選擇「編輯超連結」指令

瞧！自動開啟「動作設定」視窗

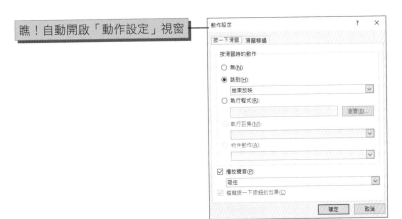

單元 >>>>>>
範例光碟：28加盟優勢分析\加盟優勢分析OK.pptx

28 加盟優勢分析

在「加盟優勢分析」的簡報中，我們主要和各位探討一些較深入的功能技巧，諸如：動畫的進入與結束、SmartArt 動畫特效的設定、建立成 MP4 視訊檔、匯出成 XPS 文件等功能，讓各位在動畫的應用與匯出的使用上更上一層樓。

【範例成果】

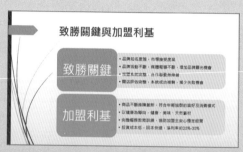

【學習重點】動畫的進入與離開、SmartArt 動畫特效、建立動畫 GIF、匯出成 XPS 文件。

範例步驟

首先請開啟範例檔中的「加盟優勢分析.pptx」簡報檔，我們將以此檔案做介紹：

1 **動畫的進入與離開：**在單元 25 和
單元 26 範例中，各位已經學過
很多的動畫設定技巧，不過很多
人都著重在圖文的進入或強調效
果，卻不曾使用過離開效果的設
定。「離開」效果主要設定物件移
開投影片時所做的變化，將它適
時地穿插在簡報中可增加動畫的
變化性。本章範例是一家臭豆腐
專賣店的加盟優勢分析簡報，所

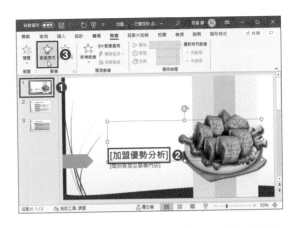

以在簡報一開始放映時，可以先讓臭豆腐的圖片一直保留在投影片上，當正式開始
說明並按下滑鼠時，再出現標題與副標題內容；等要離開此投影片畫面時，再將臭
豆腐和後方的色帶做結束動畫的設定。

↘ 設定文字進入的動畫效果

1 點選第一張投影片

2 點選標題文字

3 由「動畫」標籤按下「動畫樣式」鈕

4 加入「放大及旋轉」的進入效果

5 設定為「按一下時」

6 點選副標題文字

7 設定為「旋轉」的進入效果

8 由此下拉設定為「接續前動畫」

設定完成後，請自行放映簡報看
看它的效果為何。

↘ **設定臭豆腐與色帶離開的動畫
效果**

❶ 點選臭豆腐的圖片

❷ 由此下拉選擇「飛出」的離開效果

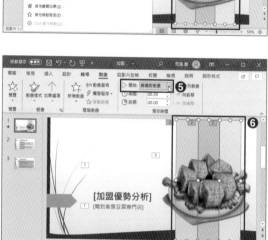

❸ 同時選取三個色帶

❹ 下拉選擇「擦去」的離開效果

❺ 由此設定為「接續前動畫」

❻ 動畫播放順序顯現如圖

2 **SmartArt 動畫特效：**在單元 21 的範例曾經告訴各位如何快速將條列式的清單轉換成 SmartArt 圖形，當各位為 SmartArt 圖形加入動畫後，可透過「效果選項」功能來設定動畫出現的方式為群組或個別。

❶ 切換到第二張投影片

❷ 點選標題文字

❸ 設定為「彈跳」的進入效果

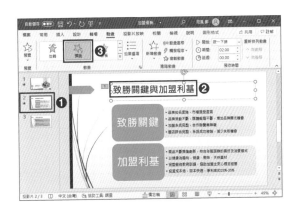

❹ 點選 SmartArt 圖形

❺ 加入「飛入」的進入效果

❻ 按下「動畫窗格」鈕，使顯現右側的動畫窗格

❼ 點選編號 2

❽ 下拉選擇「效果選項」

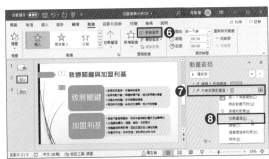

❾ 切換到「SmartArt 動畫」標籤

❿ 下拉選此項

⓫ 按「確定」鈕離開

⑫ 設定完成後，SmartArt 圖形會分別由左側的橙色標題，再右側的內容依序出現

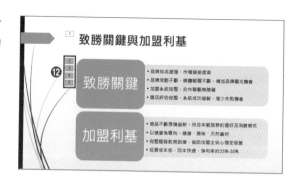

接下來同上方式，請自行將第三張投影片加入「縮放」與「上升」的進入效果，SmartArt 圖形動畫則設為「一個接一個」，使顯現如圖。

標題：「縮放」進入效果

SmartArt 圖形：「其他進入效果／上升」，SmartArt 動畫為「一個接一個」

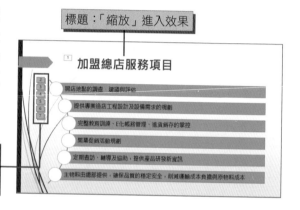

3 建立動畫 GIF：完成的簡報內容也可以考慮將它輸出 GIF 動畫格式。它的特點是保留動畫、轉場、媒體和筆跡，但不包括錄製的時間。你可以依照個人需求設定動畫檔的檔案尺寸和品質，也可以設定每張投影片的停留秒數。設定方式如下：

❶ 由「檔案」標籤點選「匯出」指令

❷ 選擇「建立動畫 GIF」的選項

❸ 由此選擇尺寸與品質

❹ 設定每張投影片所要使用的秒數

❺ 按下「建立 GIF」鈕

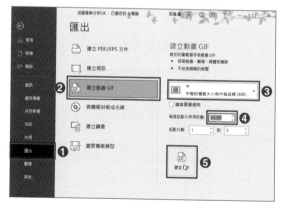

❻ 設定儲存的檔名

❼ 按下「儲存」鈕儲存動畫

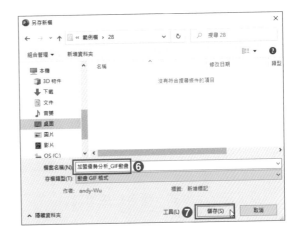

稍待一下，各位就可以看到轉換完成的動畫圖示，按滑鼠兩下即刻播放內容。

④ 匯出成 XPS 文件：在 Windows 10 裡，可以將文件轉換成不可編輯但可列印輸出的文件，這種文件就是 XPS 文件 (*.xps)，這種文件必須使用 XPS 檢視器來檢視，通常使用者只要於 XPS 文件按滑鼠兩下，就能自動在 XPS 檢視器中開啟文件。檢視器有提供檢視和管理 XPS 文件的功能選項，像是：找尋、列印、開啟、另存新檔…等功能。要將簡報匯出成 XPS 文件，可透過「檔案」標籤中的「匯出」功能辦到，設定方式如下：

❶ 由「檔案」標籤點選「匯出」指令

❷ 點選「建立 PDF/XPS 文件」

❸ 按下「建立 PDF/XPS」鈕

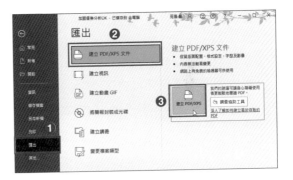

④ 確認存檔類型為 XPS 文件

⑤ 輸入名稱

⑥ 按下「發佈」鈕

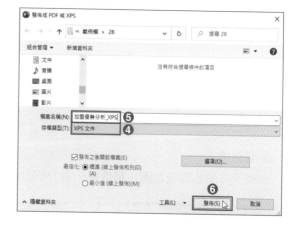

簡報發佈成 XPS 文件後，如果你的電腦無法開啟文件，那麼就必須安裝 XPS 檢視器。以 Windows 10 為例，由「開始」功能表按下「設定」⚙ 鈕，點選「應用程式」，接著在「應用程式與功能」的類別中按下「選用功能」，再按下「新增功能」，從中點選「XPS 檢視器」並進行「安裝」。安裝完成即可按滑鼠兩下來開啟 XPS 文件。如右圖所示：

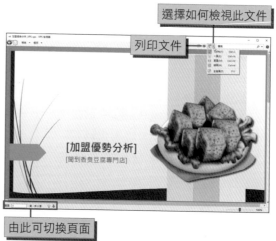

選擇如何檢視此文件

列印文件

由此可切換頁面

💿 範例光碟：29加盟商加盟流程\加盟商加盟流程OK.pptx

加盟商加盟流程

在單元 27 範例中，我們曾經介紹過動作按鈕的使用技巧，相信各位對於上一頁、下一頁、起點、終點、首頁、文件…等動作按鈕的使用應該很熟悉。不過這些動作按鈕只能限定用在特定的動作上，如果各位有特定的圖案要加入動作，或是想要做出如下效果的導覽地圖，那麼這一章介紹的內容就不可錯過喔！

分散在各處的不規則雕像按鈕，可透過透明的「空白」動作按鈕來設定喔！（按鈕繪製在底圖上嘛ㄟ通）

【範例成果】

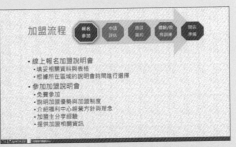

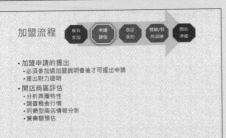

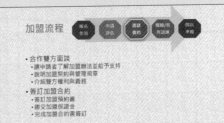

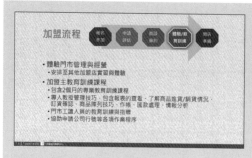 

【學習重點】繪製導覽按鈕、變更圖案造型、複製選取的投影片、插入透明的動作按鈕。

範例步驟

首先請開啟範例檔中的「加盟商加盟流程.pptx」簡報檔,我們將以此檔案做介紹:

1 **繪製導覽按鈕**:首先我們要利用「插入 SmartArt 圖形」功能來繪製加盟的流程。

❶ 新增第二張投影片

❷ 輸入標題文字

❸ 由「插入」標籤按下「SmartArt」鈕

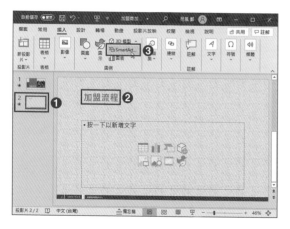

❹ 點選要套用的圖案樣式

❺ 按下「確定」鈕離開，使插入基本圖形

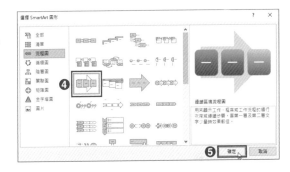

❻ 由窗格中輸入相關文字，使顯現如圖

❼ 由「設計」標籤的「變更色彩」鈕，設定圖形樣式

❽ 選取圖形後，執行「複製」與「貼上」指令，使複製一份該圖形

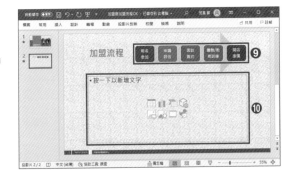

❾ 將複製物件移到上方，並縮放其比例大小，使顯現如圖

❿ 將原先的 SmartArt 圖形按「Delete」鍵刪除，使顯現原先的文字框

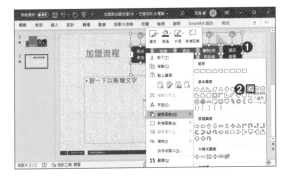

2 **變更圖案造型**：SmartArt 圖形的預設造型如果不喜歡，也可以按右鍵來變更圖案。

❶ 同時選取此五個圖案

❷ 按右鍵執行「變更圖案」指令，並下拉選擇八邊形

❸ 瞧！圖案變成八邊形了，完成導覽按鈕的製作

❹ 由此調整文字尺寸

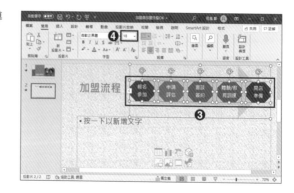

3 **複製選取的投影片：**作為導覽的按鈕確定後，接下來就是複製選定的投影片，然後分別為投影片加入標記效果，以便識別所在的位置。

❶ 點選第二張投影片

❷ 由「常用」標籤按下「新投影片」鈕

❸ 執行「複製選取的投影片」指令 4 次，使投影片增加到第六張

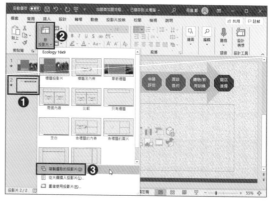

❹ 點選第二張投影片

❺ 點選第一個圖案，透過「常用」標籤變更文字顏色與樣式

❻ 由「格式」標籤的「圖案效果」鈕加入喜歡的按鈕效果（預設格式 1 與光暈效果）

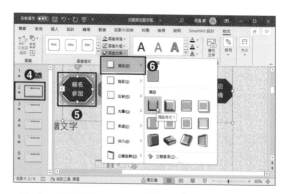

❼ 同上方式，為第三張投影片設定「申請評估」鈕的標記效果

❽ 依序設定 4-6 張投影片的標記按鈕

3-6 張投影片的標記按鈕顯示如下：

第三張投影片

第四張投影片

第五張投影片

第六張投影片

4 **插入透明的動作按鈕**：投影片複製完成後，接下來就是透過「空白」的動作按鈕，來為五個按鈕加入動作設定，確定按鈕設定無誤後，再將按鈕設定為透明效果。

↘ **加入「空白」動作按鈕圖案**

❶ 切換到第二張投影片

❷ 由「插入」標籤按下「圖案」鈕

❸ 點選此空白圖案

❹ 在此拖曳出矩形，使覆蓋原造型範圍

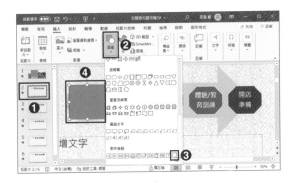

❺ 點選此項

❻ 由此下拉選擇「投影片」

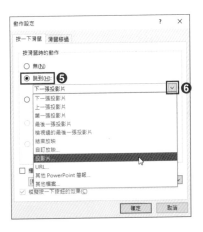

❼ 點選對應的投影片編號

❽ 按下「確定」鈕

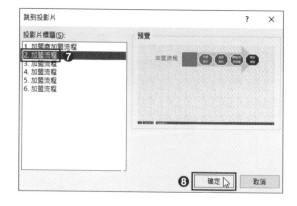

❾ 勾選「播放聲音」

❿ 下拉設定要使用的音效

⓫ 按「確定」鈕離開

⓬ 同上方式完成其他四個動作按鈕
　的加入

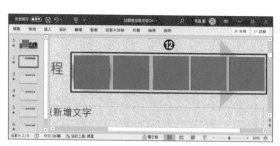

按鈕加入後，請自行放映簡報，以便確認按鈕所對應的投影片編號無誤。

↘ 將動作按鈕設定為透明效果

確定動作按鈕的設定都正確後，接著利用「物件格式」功能將按鈕都設定為透明，然後再複製到 3-6 的投影片中。

❶ 同時點選五個動作按鈕

❷ 按右鍵執行「物件格式」指令

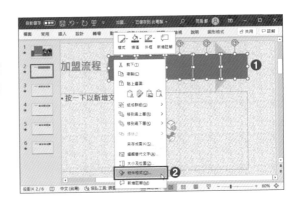

❸ 將填滿的透明度設為 100%，使變成透明

❹ 將線條設為「無線條」

❺ 按鈕選取情況下，按右鍵執行「複製」指令

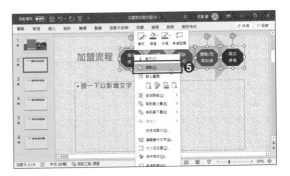

❻ 依序切換到 3-6 張投影片

❼ 按「Ctrl」+「V」鍵使之貼入

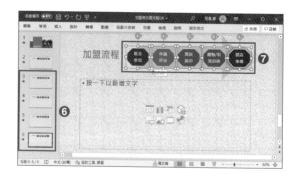

行文至此，導覽按鈕已經設定完成，接下來就是針對每個主題加入相關的文字說明，文字內容請參閱「文字文件 .txt」。完成後的簡報，透過按鈕就可以知道目前所介紹的主題為何，而且可以輕鬆快速地切換到其他主題，如右圖所示：

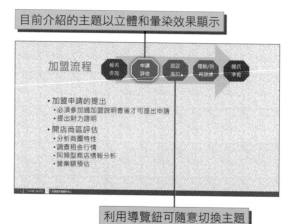

單元 >>>>>>

30 異業結盟提案說明

範例光碟：30異業結盟提案說明\異業結盟提案OK.pptx

經過前面各單元範例的洗禮，相信各位對於如何將條列式的清單轉換成 SmartArt 圖形、如何插入 SmartArt 圖形、或是如何在 SmartArt 圖形中插入文字都相當的熟悉。有些 SmartArt 圖形有提供插入圖片的功能，有些則沒有，如果因為畫面需要，希望將 SmartArt 圖形的文字區也變成圖片，那麼這章的範例可不要錯過。另外，壓縮圖片方式、檔案的保護避免他人修改，以及封裝成光碟的方式等技巧，也都會在此章作說明。

【範例成果】

結盟目的

結盟方式

實施方式

異業聯盟優點

【學習重點】 SmartArt 圖形轉換成圖形、SmartArt 圖形填滿指定插圖、壓縮圖片、將檔案標示為完稿、將簡報封裝成光碟。

範例步驟

首先請開啟範例檔中的「異業結盟提案.pptx」簡報檔，我們將以此檔案做介紹：

1. **SmartArt 圖形轉換成圖形**：首先請各位在第一張投影片中插入「垂直方程式圖」的流程圖，在此我們要將圖形中的文字方塊轉換成圖形模式，以便利用此圖案來說明雙方合作的關係。

   ❶ 點選此張投影片

   ❷ 由「插入」標籤按下「SmartArt」鈕

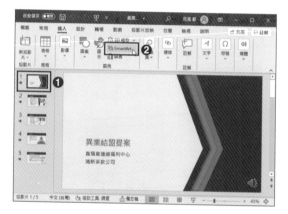

   ❸ 點選此圖案樣式

   ❹ 按下「確定」鈕

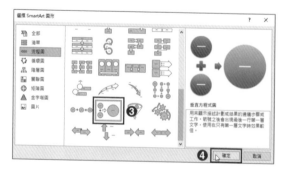

➎ 顯示加入 SmartArt 圖形

➏ 由「SmartArt 設計」標籤按下「轉換」鈕

➐ 下拉選擇「轉換成圖形」指令

➑ 瞧！變成圖形模式了

2 **SmartArt 圖形填滿指定插圖：**
SmartArt 圖形轉成圖形模式後，現在要在圖形中填入雙方合作的產品。

➊ 先點選 SmartArt 圖形

➋ 再按一下滑鼠，使之點選此圖形

➌ 按右鍵執行「填滿」指令

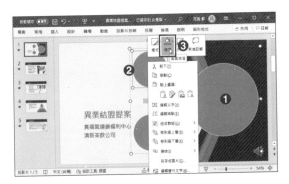

➍ 出現此視窗時，選擇「圖片」指令

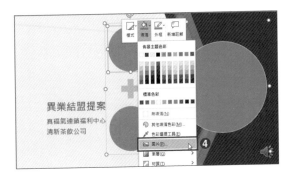

❺ 按此鈕從檔案選取圖片

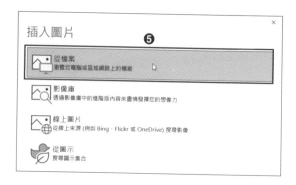

❻ 點選圖片

❼ 按下「插入」鈕

❽ 瞧！顯示加入的產品圖

❾ 同上方式完成其他兩張圖片的插入，使顯現如圖

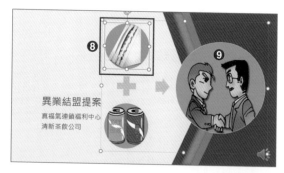

3 **壓縮圖片**：簡報中如果放的圖片較多，而且都是高解析度圖片縮小下來的插圖，若想要減輕簡報的檔案量，可以透過「壓縮圖片」的功能來處理。

❶ 點選簡報中的任一圖片

❷ 切換到「圖片格式」標籤

❸ 按下「壓縮圖片」鈕

④ 取消此項的勾選，會將簡報中所
　　有的圖片都做壓縮
⑤ 設定輸出的品質
⑥ 按下「確定」鈕離開

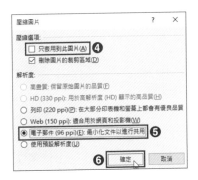

設定完成後，當各位按下儲存指令儲存檔案，就會發現檔案量跟原先的檔案量相比
變小了。

4　**將檔案標示為完稿**：簡報檔案製
　　作完成後，如果希望其他開啟此
　　檔案的人無法編輯簡報內容，可
　　以考慮將簡報檔「標示為完稿」。
　　設定方式如下：
① 點選「檔案」標籤後，按下「資
　　訊」指令
② 點選「保護簡報」鈕
③ 下拉選擇「標示為完稿」指令

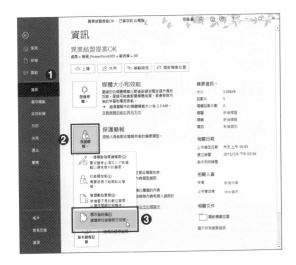

④ 按下「確定」鈕離開

⑤ 說明標示為完稿的檔案將關閉鍵
　　入、編輯命令和校訂標記，請按
　　下「確定」鈕離開

❻ 瞧！狀態列上將顯示此圖示，這表示簡報已標示為完稿

原編輯者的視窗將出現此列，只要按下「繼續編輯」鈕即可繼續編輯

若他人開啟此簡報檔，雖可點選到文字框，卻無法編修內容喔！

5　**將簡報封裝成光碟：**完成的簡報內容如果想要將它封裝成光碟，可利用以下方式來進行封裝。

❶ 放入光碟片後，由「檔案」標籤下選擇「匯出」指令

❷ 點選「將簡報封裝成光碟」

❸ 按下「封裝成光碟」鈕

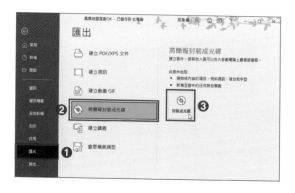

❹ 輸入 CD 名稱

❺ 按下「複製到 CD」鈕

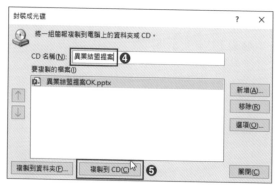

❻ 說明如有連結的檔案，也會一併封裝，請按下「是」鈕

顯示燒錄狀態

❼ 燒錄完成自動退出光碟片，並出
現此視窗時，若不再燒錄，請按
「否」鈕離開

光碟燒錄完成後，下回只要將光
碟片放入光碟機中，即可透過滑
鼠雙按來開啟簡報檔。
❶ 於光碟機按滑鼠兩下

❷ 按滑鼠兩下下載檔案，即可開啟
簡報

NOTES